中　外　物　理　学　精　品　书　系

本　书　出　版　得　到　"　国　家　出　版　基　金　"　资　助

国家出版基金项目
NATIONAL PUBLICATION FOUNDATION

中外物理学精品书系

前沿系列·38

大气湍流基础

张宏昇　编著

北京大学出版社
PEKING UNIVERSITY PRESS

图书在版编目(CIP)数据

大气湍流基础/张宏昇编著. —北京:北京大学出版社,2014.12
(中外物理学精品书系)
ISBN 978-7-301-25144-7

Ⅰ.①大⋯ Ⅱ.①张⋯ Ⅲ.①大气湍流 Ⅳ.①P421.3
中国版本图书馆 CIP 数据核字(2014)第 272381 号

书   名:大气湍流基础
著作责任者:张宏昇 编著
责 任 编 辑:曾琬婷
标 准 书 号:ISBN 978-7-301-25144-7/O · 1028
出 版 发 行:北京大学出版社
地   址:北京市海淀区成府路 205 号   100871
网   址:http://www.pup.cn
新 浪 微 博:@北京大学出版社
电 子 信 箱:zpup@ pup.pku.edu.cn
电   话:邮购部 62752015   发行部 62750672   编辑部 62767347
                出版部 62754962
印   刷   者:北京中科印刷有限公司
经   销   者:新华书店
                730 毫米×980 毫米   16 开本   13 印张   270 千字
                2014 年 12 月第 1 版   2014 年 12 月第 1 次印刷
定   价:42.00 元

"中外物理学精品书系"
编委会

序　言

物理学是研究物质、能量以及它们之间相互作用的科学。她不仅是化学、生命、材料、信息、能源和环境等相关学科的基础，同时还是许多新兴学科和交叉学科的前沿。在科技发展日新月异和国际竞争日趋激烈的今天，物理学不仅囿于基础科学和技术应用研究的范畴，而且在社会发展与人类进步的历史进程中发挥着越来越关键的作用。

我们欣喜地看到，改革开放三十多年来，随着中国政治、经济、教育、文化等领域各项事业的持续稳定发展，我国物理学取得了跨越式的进步，做出了很多为世界瞩目的研究成果。今日的中国物理正在经历一个历史上少有的黄金时代。

在我国物理学科快速发展的背景下，近年来物理学相关书籍也呈现百花齐放的良好态势，在知识传承、学术交流、人才培养等方面发挥着无可替代的作用。从另一方面看，尽管国内各出版社相继推出了一些质量很高的物理教材和图书，但系统总结物理学各门类知识和发展，深入浅出地介绍其与现代科学技术之间的渊源，并针对不同层次的读者提供有价值的教材和研究参考，仍是我国科学传播与出版界面临的一个极富挑战性的课题。

为有力推动我国物理学研究、加快相关学科的建设与发展，特别是展现近年来中国物理学者的研究水平和成果，北京大学出版社在国家出版基金的支持下推出了"中外物理学精品书系"，试图对以上难题进行大胆的尝试和探索。该书系编委会集结了数十位来自内地和香港顶尖高校及科研院所的知名专家学者。他们都是目前该领域十分活跃的专家，确保了整套丛书的权威性和前瞻性。

这套书系内容丰富，涵盖面广，可读性强，其中既有对我国传统物理学发展的梳理和总结，也有对正在蓬勃发展的物理学前沿的全面展示；既引进和介绍了世界物理学研究的发展动态，也面向国际主流领域传播中国物理的优秀专著。可以说，"中外物理学精品书系"力图完整呈现近现代世界和中国物理科学发展的全貌，是一部目前国内为数不多的兼具学术价值和阅读乐趣的经典物理丛书。

"中外物理学精品书系"另一个突出特点是，在把西方物理的精华要义"请进来"的同时，也将我国近现代物理的优秀成果"送出去"。物理学科在世界范围内的重要性不言而喻，引进和翻译世界物理的经典著作和前沿动态，可以满足当前国内物理教学和科研工作的迫切需求。另一方面，改革开放几十年来，我国的物理学研究取得了长足发展，一大批具有较高学术价值的著作相继问世。这套丛书首次将一些中国物理学者的优秀论著以英文版的形式直接推向国际相关研究的主流领域，使世界对中国物理学的过去和现状有更多的深入了解，不仅充分展示出中国物理学研究和积累的"硬实力"，也向世界主动传播我国科技文化领域不断创新的"软实力"，对全面提升中国科学、教育和文化领域的国际形象起到重要的促进作用。

值得一提的是，"中外物理学精品书系"还对中国近现代物理学科的经典著作进行了全面收录。20 世纪以来，中国物理界诞生了很多经典作品，但当时大都分散出版，如今很多代表性的作品已经淹没在浩瀚的图书海洋中，读者们对这些论著也都是"只闻其声，未见其真"。该书系的编者们在这方面下了很大工夫，对中国物理学科不同时期、不同分支的经典著作进行了系统的整理和收录。这项工作具有非常重要的学术意义和社会价值，不仅可以很好地保护和传承我国物理学的经典文献，充分发挥其应有的传世育人的作用，更能使广大物理学人和青年学子切身体会我国物理学研究的发展脉络和优良传统，真正领悟到老一辈科学家严谨求实、追求卓越、博大精深的治学之美。

温家宝总理在 2006 年中国科学技术大会上指出，"加强基础研究是提升国家创新能力、积累智力资本的重要途径，是我国跻身世界科技强国的必要条件"。中国的发展在于创新，而基础研究正是一切创新的根本和源泉。我相信，这套"中外物理学精品书系"的出版，不仅可以使所有热爱和研究物理学的人们从中获取思维的启迪、智力的挑战和阅读的乐趣，也将进一步推动其他相关基础科学更好更快地发展，为我国今后的科技创新和社会进步做出应有的贡献。

"中外物理学精品书系"编委会　主任
中国科学院院士，北京大学教授
王恩哥
2010 年 5 月于燕园

本 书 序

　　湍流是流体力学有名的难题，也是自然科学著名的难题之一．大气湍流学科是大气科学学科的重要分支，是大气边界层物理、大气污染和扩散、地气相互作用研究的理论基础和核心问题．大气湍流是一种具有强烈涡旋性的不规则运动，明显存在于边界层大气中，在自由大气的积云中和强风速切变区也明显存在．大气湍流与天气预报、气候变化、空气污染、环境工程等实际应用的关系非常密切．当今，全球气候变化和环境演变是各国政府、科学家关注的焦点问题，与其相关联的环境污染和雾霾天气更是公众关心的热点问题．而气候变化预测、污染形成机理和预报水平提高的瓶颈之一是对大气边界层过程的理解有待深入，这就涉及大气湍流的基础理论、实验技术和数值模拟水平的提高．可以说，对大气湍流运动机理缺乏全面和深刻的认识是大气模式预报和污染过程描述不准确的重要原因之一．地面和大气间进行着动量、水热和物质交换与湍流输送，其过程直接影响和决定大气边界层的形成和发展，进一步加深对气候变化和大气环境问题的认识、改进预报预测模式，必须深入认识大气湍流特征．

　　大气湍流运动的性质决定了大气湍流具有多种形式的结构，导致了研究方法、研究理论的多样性和复杂性．大气湍流的研究方法包括外场实验观测、实验室物理模拟、理论研究和数值模拟等，涉及大气科学、电子学、物理学、力学、仪器学、计算机科学、工程学等学科．其中，外场实验观测是研究各种大气湍流问题的基础．20 世纪 50 年代以来，大气湍流的野外观测实验研究十分活跃，获得了丰富而有意义的结果．例如，1968 年的 Kansas 实验和 1973 年的 Minnesota 实验，为研究均一、平坦地形条件的大气湍流结构提供了数据基础，证明和发展了 Monin-Obukhov 相似性理论和混合层相似性理论．大气湍流的理论研究，有 20 世纪二三十年代发展的 K 理论，40 年代 Kolmogorov 建立的湍流统计理论，50 年代 Monin 和 Obukhov 建立的 Monin-Obukhov 相似性理论，60 年代的 Rossby 数相似性理论及用于混合层研究的大涡模拟方法．随后，又陆续发展了混沌、分岔、突变、协同学、碎性、分数维等新概念和数学工具，但至今对大气湍流发生机制与运动结构并没有完全弄清楚．例如，随着城市化进程，需要解决更有现实意义的非均一、非平坦、复杂下垫面的湍流问题．这就亟须新的探测技术、研究方法或理论分析手段的引入．

我与张宏昇教授初识于 20 世纪 90 年代的"第二次青藏高原大气科学试验",在研究过程中他所表现出的扎实的理论基础、清晰的逻辑思维和很强的实验能力给我留下了深刻印象. 他所具有的物理学、无线电电子学、环境空气动力学、大气物理学的专业背景,令其在大气湍流与大气边界层研究中有着学科综合优势和开放的思维. 其博士研究生学位论文《近地面层湍流输送观测仪器和方法研究》曾获赞:大气边界层观测要以此为规范. 20 年来,他一直从事大气湍流观测法研究,开展大气湍流结构的理论和分析方法的探讨,试图解决复杂地形条件下的湍流问题,近年来又在大气扩散数值模拟方面有所建树.

《大气湍流基础》一书是他及所在研究团队科研和教学的结晶,综合了大气湍流的基本理论与实验技术,有外场实验支持和科学创见,同时展现了自 20 世纪 90 年代的黑河试验(HEIFE)以来,我国科学家对大气湍流研究领域的贡献. 书中关于湍流资料质量控制和湍流数据处理方法具有独特性和新颖性,也是相关研究和应用领域所关注和迫切需要的,目前国内少见类似的著述. 该书集理论性和实验性于一体,很值得相关人员一读. 我相信,读者一定会从中有所收获和启发. 该书的一个创新点是在国内率先将希尔伯特-黄变换(HHT)引入到大气湍流和大气边界层研究中,尝试给出解决非均一、非平坦、复杂下垫面湍流问题的新方法,并有最新的研究成果支撑. 我十分期待该方法在"第三次青藏高原大气科学试验"、城市群地区气候变化研究、雾霾天气研究中有良好表现,在科学方法和理论上有所创新和突破.

2014 年 8 月 6 日于北京

前　　言

　　湍流是流体力学有名的难题，也是自然科学著名的难题之一，在"10000个科学难题"中位置显要. 湍流既是基础理论问题，也是学科优先发展问题、前沿问题和国际研究热点问题. 湍流研究具有极大的理论意义和实际价值.

　　大气湍流是一种具有强烈涡旋性的不规则运动，大气边界层中几乎总是存在湍流运动. 要给湍流下个完善和恰当的定义是十分困难的，故至今尚无严格统一的定义. 然而，人们已很好地认识到湍流的存在和它的性质. 除了边界层大气中存在明显的湍流外，在自由大气的积云中或风速随高度变化很大的强风速切变区，也存在明显的湍流. 湍流会对大气折射性质产生影响，导致电波和声波被散射，从而对建筑物、桥梁、铁塔、飞机、火箭等产生作用和影响.

　　大气湍流是理论与实验相结合的实验性学科，涉及面很广，如涉及大气科学、电子学、物理学、力学、仪器学、计算机科学、工程学等等，其相应的课程也是大气科学领域的教学中反映最难学的课程之一. 力学系的一位老先生曾说：容易学的就不是湍流了. 大气湍流与实际应用非常密切，可应用于天气预报、气候、空气污染、环境、工程等诸多方面.

　　本书以介绍大气湍流基本理论和研究方法为主，兼顾大气湍流基本理论、实验以及大气边界层的基本观测事实，主要涉及大气湍流的基本概念、基本理论、近地面层相似性理论、湍流通量与湍流输送、大气湍流观测法. 本书既考虑了大气物理学的有关知识，也兼顾了大气环境学科和工程学科的需要，而对于一些前瞻性但尚不成熟的研究成果，例如涉及边界层顶云、复杂下垫面的内容没有介绍.

　　20 世纪 80 年代前后，北京大学陈家宜先生、刘式达先生、张霭琛先生开设了"大气湍流""边界层物理""空气污染学"等相关课程，其教学和讲义对本书的编写、条理和结构有着重要影响和参考作用. 本书是在"大气湍流""大气边界层原理与技术"等相关课程教学的基础上完成的，其结构和内容也是经过反复调整和实践，并与蔡旭晖教授多次讨论后决定的. 宋宇教授和康凌高级工程师对本书的内容和章节安排提出了很多富有建设性的意见. 本书的撰写是在李万彪副教授的建议和鼓励下开始的，郭晓峰博士、朱好博士、李晓岚博士、霍庆博士、黄昕博士、叶鑫欣博士，以及王雪、常迪、高祥、张鹏、石惠、朱雷和刘晓等研究生提供了部分章节的素材，魏伟博士、张贺博士和葛红星博士对有关章节做了校核和修改，蔡旭晖教授对全书做了审核和最后的审定.

　　本书可为大气科学相关领域人员的科研和业务工作以及高等院校大气物理学与大气环境专业研究生的学习提供参考，也可供高年级本科生及相关专业，如环境保护、地理、农业、林业，以及风能和核能利用等工程科学的工作者参考. 在用作教材时，可视需要对本书内容做适当取舍.

　　北京大学物理学院大气与海洋科学系大到一个专业和研究方向的设置，小到一门课程的具体章节内容，都是几代人不断努力探索、反复实践和长期积累的结果. 因此，前人大量的心血和劳动的结晶，为本书的出版创造了有利条件和打下了坚实的基础. 在本书的编写过程中，物理学院大气与海洋科学系和环境科学与工程学院环境科学系的同事们给予了大力支持和切实帮助. 另外，本书的完成得到了国家自然科学基金委员会和教育部的大力支持，得到国家基础科学人才培养基金的资助. 在此一并表示衷心的感谢.

　　大气湍流是既古老又年轻的学科，内容丰富、涉及面广，许多方面仍在不断探索和研究中. 我们的学识水平有限，谬误、疏漏和不妥在所难免，敬请读者给予批评指正.

张宏昇

2014 年 2 月

内 容 简 介

  本书系统论述了大气湍流的基本理论及其研究方法，并尽可能反映该领域最新的科学研究成果. 全书分为八章，内容包括：大气湍流概论、大气湍流基本控制方程、大气湍流运动、湍流统计描述、近地面层相似性理论、近地面层大气湍流及地表参数、大气湍流观测法与数据处理、非定常大气湍流及其分析方法. 大气湍流及其运动与大气科学各部分联系密切，本书既考虑了大气物理学的有关知识，也兼顾了大气环境学科的需要.

  本书可为大气科学相关领域的科研和业务工作以及高等院校大气物理学与大气环境专业研究生的学习提供参考，也可供高年级本科生及相关专业，如环境保护、地理、农业、林业以及风能和核能利用等工程学科的工作者参考.

目　　录

第一章 大气湍流概论

湍流是一种宏观尺度上无序的、非确定性的流体运动. 流体物理量的变化是无规则的, 日语把"湍流"称作"乱流", 则更形象地说明了湍流运动的高度随机性. 地球大气无时无刻不处于湍流运动状态, 湍流现象与人们的日常生活以及航空航天、水利、气象、化工、建筑、交通、医学、高能物理等众多领域密切相关. 大气运动及其物理参数经历着空间与时间各种尺度上的不规则变化, 这种变化引起大气中能量、动量与物质成分等输送过程, 称为湍流输送, 其输送速率比分子热运动引起的输送要大几个数量级. 大气湍流运动比一般湍流要复杂得多, 其湍流尺度范围非常宽, 小到几毫米, 大则可能到上百千米. 由于大气湍流常常处于非常复杂的边界条件(如草原、森林、山地、城市、沙漠、水面等)和大气条件(如层结分析、风切变状态等), 使得大气湍流具有多种形式的结构. 大气湍流是一个既古老又前沿的学科, 至今仍在不断地发展.

1.1 湍流现象与雷诺实验

自然界中, 物质一般具有三个形态: 固态、液态和气态. 固体是具有一定体积和一定形状, 质地较坚硬的物体. 液体和气体没有一定形状, 易流动. 流体的流动有两种形式: 层流和湍流. 1983 年, 雷诺(Reynolds)将一根又长又直的圆玻璃管水平放置, 并仔细地不使玻璃管受到震动, 将水缓慢、均匀地注入. 然后在管子入口处注入染色的细流. 实验发现, 如果玻璃管中水的流动足够慢, 染色的细流由玻璃管的入口到出口维持一条完整的直线, 从玻璃管外看到的带颜色的细流顺流而下, 并不增宽, 即染色的细流平行于玻璃管壁流动, 与相邻流体间没有相互混合; 如果玻璃管中水的流动速度增大, 并超过某一速度数值时, 染色的细流很快断裂, 且明显与周围未染色的水混合, 到玻璃管下游时, 玻璃管中的水已变成淡淡的颜色, 分不出带有颜色的细流了, 即染色的细流与整个玻璃管内的流体充分混合, 流经任何一点的路径均为不规则的(见图 1.1.1). 雷诺把前一种流体的运动类型称为"层流", 后一种称为"湍流".

同时, 雷诺还发现了由层流运动向湍流运动转换的判据——雷诺数, 即黏性副层尺度 $d \propto \nu/U$ 与流动特征尺度 L 之比:

$$Re = \frac{LU}{\nu}, \tag{1.1.1}$$

其中 L 是运动特征尺度(如玻璃管的直径), U 是特征水流速度, ν 是分子运动学黏性系数. 物理意义上, 雷诺数 Re 代表了非线性惯性力和黏性力的比值. 实验表明, 当 $Re < 2000$ 时, 流体运动显示为层流; 当 $Re > 2000$ 时, 流体运动则为湍流. 数值 2000 称作临界雷诺数.

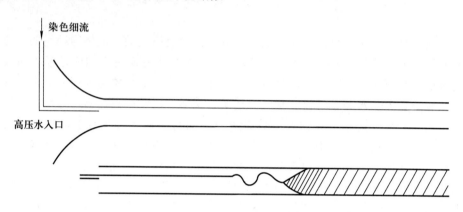

图 1.1.1　层流与湍流示意图

在流体运动中发现的"湍流"这种不规则的运动形式在自然界里处处皆有. 例如, 舰船的尾部存在湍流涡旋, 飞机机翼边界内是湍流运动, 地球大气边界层内的大气运动是湍流运动, 积云中有湍流运动, 对流层上层急流区的运动具有湍流属性(晴空湍流), 太阳光球和类星体光球是湍流, 星际空间气体云是湍流, 太阳风中地球尾迹是湍流, 烟囱冒出的烟云是湍流, 许多燃烧过程是湍流. 现在, 化学实验的结果也发现有化学湍流. 广义上讲, 生态学中种群不规则变化、固体中形态极不规则的各种凝聚态等都是湍流. 所以说, 湍流是普遍存在的客观事实.

1.2　大气湍流的基本特征

大气和一般流体的不同之处在于大气始终处于旋转的地球之上, 大气的密度、温度、速度等都是不均匀的, 随高度不断变化. 同时, 大气有不同尺度的旋涡, 空间特征尺度大到地球半径尺度, 小到毫米尺度, 量级相差可达 10^{10}; 时间特征尺度则从数秒到数千天, 跨度也非常大. 大气的雷诺数是很高的. 这些都是研究大气湍流与一般流体湍流的重要差别之一.

大气湍流的基本特征包括: 随机性——无规运动, 非线性, 扩散性, 时-空四维特征, 耗散性, 间歇性, 连续介质的宏观运动, 初、边条件的敏感性, 湍流的多尺度性. 具体如下:

（1）随机性——无规运动：大气湍流的随机性有其独特含义．时间上，大气湍流的形态随时间呈非周期的变化；空间上，大气湍流是无规则的运动，运动轨迹不可预测．这里的无规则并非噪声的无规则，而是有一定统计规律的、具有确定意义的随机性．从运动学的角度，大气湍流运动必定是不可预测的；从统计学的角度，大气湍流可以用确定的微分方程或者演变规律进行描述．大气湍流具有随机性和确定性两面．如何统一看待大气湍流的确定性和随机性？图 1.2.1 给出一种常见的、由确定性系统产生的三维螺旋结构轨道．箭头的方向表示大气流动的方向（时间 t 增加的方向）．由于 $t \to \infty$ 时，流动趋向于中心点 A，这在动力系统理论中称为同宿轨道．物理上，箭头向上的方向表示从中心点 A 伸长出去，箭头向下则以螺旋形式向中心点 A 方向折叠行进．于是，在三维螺旋涡旋中，伸长和折叠的结合可以认为是局部不稳定和整体稳定的结合（刘式达等，2008）．

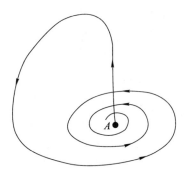

图 1.2.1　三维螺旋涡旋示意图（引自刘式达等，2008）

（2）非线性：大气湍流是高度非线性的大气运动，当大气流动达到一定的运动形态或者某一物理量度数值达到或超过临界值时，流动中的扰动会自发增长，扰动幅度增加．

（3）扩散性：大气湍流可以引起动量、热量、水汽和物质的迅速混合和传递．大气湍流具有很强的扩散能力，比分子运动强得多，对大气中的热量、水汽和物质等的输送有着关键性的作用．

（4）时-空四维特征：空间三维涡旋运动 + 时间变化．

（5）耗散性：耗散性是大气湍流发生的必要条件．对于一个具有开放性质的大气系统，其外部和内部不断有物质和能量的交换，因其内部有耗散性质，才能把进入系统的动能转换成内能，构成新陈代谢．大气湍流运动具有的耗散性，是由于分子黏性作用要耗散湍流能量，湍流需要从外界不断汲取能量才能得以维持，不同尺度湍涡之间靠串级输送来维持．大气湍流是外部条件不断变化(控制参数不断变化)、形态不断演变的结果,反映的是大气流动的性质,不是介质的性质.

(6)间歇性:大气湍流不同尺度的涡旋并不是充满整个空间的,在空间上可能存在不连续性,在时间上也可能存在时有时无的现象,称之为大气湍流的间隙性.大气湍流运动的间歇性具有内间歇性和外间歇性.内间歇性是指充分发展的湍流场中某些物理量并不是在空间或时间序列的每一点都存在,即有奇异性;外间歇性是指湍流区与非湍流区边界的不确定性.

(7)连续介质的宏观运动:大气湍流与一般流体力学的运动相比,相同的是:"连续介质"运动(吴望一,1982),属于流体质点,宏观小-微观大;不同的是:强调了大气湍流的随机性是一种"宏观运动".但是,大气湍流与布朗运动、分子运动涨落类的微观随机运动有区别.

(8)初、边条件的敏感性:这里指两个流体运动,其流动的初条件稍有差别,最终导致流动轨迹有很大的变化.因此,无论流动初条件的资料如何精确,对大气流动只能在短时间内进行预测,而不能做长时间的预测.

(9)湍流的多尺度性:大气湍流的尺度范围很广,大气中充满了大大小小的涡旋.这些涡旋是以高频扰动涡为特征的有旋三维运动,有时也可能是准二维的.不同的大气流动过程中,其湍流能量往往集中在某几个不连续的尺度范围内,不同尺度范围的湍流涡旋在不同的大气流动过程中的作用不尽相同.

另外,大气湍流具有拟序结构的特征,即虽然大气湍流的发生时间和空间具有随机性,但一经发生即按一定次序继续发展为特定状态(是勋刚,1994).实验表明,在大气不稳定边界层和近中性边界层中都存在着这种大尺度的相干结构.这说明大气湍流运动并非是完全无序的、无内部结构的运动.

大气湍流因其复杂性,至今没有确切的定义,其描述也多是根据大气湍流性质进行的.例如,《大气科学辞典》(1994)是这样描述大气湍流的:流场中任意一点的物理量,如,速度、温度、压力等均有快速的大幅度起伏,并随时间和空间位置而变化,各层流体间有强烈的混合.流体运动的性质与雷诺数的大小有关,当雷诺数超过某个临界值时,流体运动失去稳定性而形成湍流.大气中的运动黏度值很小,雷诺数很大,经常存在湍流.湍流是有旋的三维涡旋脉动,这是湍流运动区别于其他无旋湍流的不规则波动的特性之一.湍流是由流体力学方程控制的连续运动,并具有耗散性.《大气科学名词》(1996)给出大气湍流更为简洁的解释:空气质点呈无规则的或随机变化的运动状态,这种运动服从某种统计规律.Hinze(1975)给出:湍流是流体的一种随时间和空间的随机流动形式.大气湍流就是气流在三度空间内随空间位置和时间的不规则涨落.伴随着气流的涨落,温度、湿度乃至于大气中各种物质属性的浓度及这些要素的导出量都呈现为无规则的涨落. 大气湍流通常为高雷诺数湍流.

1.3 大气湍流的产生和维持

从能量角度看, 大气湍流的能量来源于机械运动做功和浮力做功. 前者是指, 在有风速切变时, 湍流切应力对空气微团做功. 后者则是指, 在不稳定大气中, 浮力对垂直运动的空气微团做功, 使湍流增强; 在稳定大气中, 随机上下运动的空气微团要反抗重力做功而失去动能, 使湍流减弱. 大气湍流的产生和维持主要有三大类型(图 1.3.1):

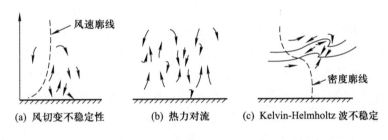

(a) 风切变不稳定性　　(b) 热力对流　　(c) Kelvin-Helmholtz 波不稳定

图 1.3.1　大气湍流的产生和维持示意图(引自盛裴轩等, 2013)

(1) 风切变产生的湍流: 在近地面层中, 地面边界起着阻滞空气运动的不滑动底壁的作用, 风速切变很大, 涡度因而也大, 流动是不稳定的, 有利于湍流的形成. 湍流一旦形成即通过湍流切应力做功, 源源不断地将平均运动的动能转化为湍流运动的动能, 使湍流维持下去. 因而, 在最靠近地面的气层中, 大气一直维持湍流运动.

在地形有起伏的地方, 如森林、建筑物或山地和丘陵河谷的地方, 不滑动底壁是三维的. 由于这些障碍物对气流的阻挡作用和切应力的作用, 产生流动脱体和涡旋, 具备触发湍流和能量补充的条件, 因此大气流动始终是湍流的, 而且往往很强.

(2) 对流湍流: 白天地面受太阳强烈加热, 大气边界层中产生对流泡或羽流. 表面上看, 对流泡或羽流的流动是有组织的; 实际上, 各个单体出现的时间和地点却是随机的, 表现为湍流状态的流动. 由于流动的不稳定性和卷夹作用, 热泡也会部分地破碎为小尺度湍流. 对流湍流的能量来源是直接或间接地通过浮力做功取得的. 除此之外, 积云、积雨云及密卷云中的湍流也是对流湍流的一种, 它们的出现还和云中水汽相变过程有关.

(3) 波产生湍流: 大气呈稳定层结时, 湍流通常较弱甚至消失. 但稳定层结下的大气流动经常存在较强的风切变, 这时会产生切变重力波. 当风切变够大时，运动成为不稳定的状态，流动随着波动振幅增大而破碎，破碎波的叠加便构成湍流. 湍流一旦形成，上下层混合加强，风的切变随之减弱，流动又恢复到无湍流状态，如此往复不已. 波动产生的湍流往往在空间上是离散的，在时间上是间歇的. 它常常出现在夜间的稳定边界层中和白天的混合层顶. 对流层晴空湍流的出现也常常和切变重力波相联系. 这类湍流的动能最初来自于波动的能量(位能)，湍流出现以后也可通过湍流切应力做功直接由平均运动动能得到.

1.4　大气湍流的研究

大气湍流的研究方法不外乎以下几种：外场实验观测、实验室物理模拟、理论研究和数值模拟等. 各种方法有其各自特有的特点、重要意义、使用价值. 例如，外场实验观测可以直接获得大气的实际数据资料，成为认识和研究大气湍流问题的基础；实验室物理模拟以其良好的可控制性和可重复性而著称；理论研究，不论是纯理论还是经验、半经验理论，其研究成果都极大地推动了对大气湍流问题的深入认识；而伴随着现代计算机发展而发展起来的数值模拟，其研究结果则对观测研究和理论研究起着促进和指导作用乃至成为强有力的补充和支持. 但是，各种方法也有其不足之处，相互之间存在补充、验证的关系. 例如，实验室物理模拟过程中许多参数的选取依赖于大气湍流的实际状况；理论研究的许多出发点来源于实际观测结果，而理论研究结果又需实验观测做进一步的验证；数值模拟更是如此，其数学模型和模拟方法基于实际观测资料，模式运行的初、边条件依赖于实际观测数据，模式的特性、模拟的结果还需实验观测数据检验. 正因为大气湍流实验观测的基础性和重要性，通过外场实验观测获得的实际大气湍流资料是研究各种大气湍流问题的基础.

大气湍流是一种开放的、三维的、非定常的、非线性的，并具有相干结构的耗散系统，集物理学研究的多种难点于一身. 自从1883年雷诺首先在实验室发现了湍流，大气湍流一直是大气科学领域最前沿和最具挑战性的研究内容之一. 1904年，普朗特(Plandtl)首先提出了湍流混合长理论，形成湍流理论的基础；1905年，埃克曼(Ekman)从地球流体力学角度提出了著名的Ekman螺线，并引申到大气层，形成行星边界层概念. 大气湍流现象在1915年由泰勒(Taylor)首先提出. 1935年，泰勒提出了湍流均匀各向同性理论，给出表征湍流细微结构的尺度，初步奠定了湍流统计理论的基础. 1938年，卡门(Karman)推导出了著名的Karman-Howarth方程. 1940年，周培源提出了湍流应力方程模式理论，标志着湍流模式理论的开始. 1941年，苏联科学家通过量纲分析得到湍流能谱与频率之间存在 $-5/3$ 幂次关系，对湍流小尺度结构与大尺度能量传输过程——级串过程作出了重要贡献. 湍流能量级串和湍流拟序结构在长达几十年的时间里始终是国际上保持不衰的前沿和热点问题. 1971 年，Ruelle 将混沌理论方法引入到湍流的研究中.

湍流是自然科学著名的难题之一，湍流研究具有极大的理论意义和实际价值. 大气湍流是大气边界层理论研究的核心问题，也是污染气象学的物理基础. 大气湍流对建筑物、桥梁、飞机等施加作用力而产生影响；相比分子输送，湍流输送能输送更多的动量、水汽、热量和物质，是地球表面和大气之间主要的输送方式，对天气学、气候变化和大气环境具有重要意义.

第二章　大气湍流基本控制方程

2.1　雷诺平均

2.1.1　平均量与平均法则

在以湍流运动为主的低层大气运动过程中，各种气象要素随时间的变化可以分解为平均场、湍流场和波动场. 其中，后两者叠加在平均场上，表现为起伏和扰动. 以风速为例，图 2.1.1 给出了风速的分解示意图. 从时间的角度看，平均场为气流运动速度的平均，湍流场为气流运动的快速涨落，波动场为长时间、大尺度的气流扰动.

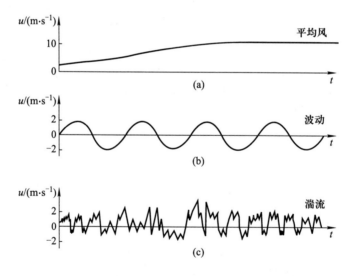

图 2.1.1　风速的分解示意图(引自 Stull，1988)

为了从大气运动中有效地分离出湍流运动或波动，首先要对气象要素资料进行平均，其平均方法通常有三种，即系综平均、空间平均和时间平均.

系综平均是指，对在同一地点、同一时刻、同样大气条件下的 N 个观测资料序列的平均值求和：

$$\overline{A}(x_0, y_0, z_0, t_0) = \frac{1}{N}\sum_{i=1}^{N} A_i(x_0, y_0, z_0, t_0),\qquad(2.1.1)$$

其中 A_i 为某一天在位置 (x_0, y_0, z_0) 处 t_0 时刻的观测值，N 为总天数.

空间平均是指，对某一时刻在某一空间域内大量观测站点的资料进行平均.

时间平均则是指，对空间某一固定点取其某一时段的大量观测数据的时间序列进行平均.

实际中，由于不能控制大气，不能重复产生同样的天气条件，故严格的系综平均几乎是不可能的. 另外，由于实际大气的不均匀性，空间平均的要求往往也难以满足. 所以，时间平均是通常可行的方法. 虽然在一段时间内可以认为大气满足定常条件，但在采取时间平均时仍需考虑到平均值具有随时间变化的趋势，所以实际的湍流数据处理过程常常要先对数据时间序列进行去倾等预处理.

假设 A 和 B 为随机过程变量，C 代表常量，下面是一些常用的平均运算规则：

$$\overline{A + B} = \overline{A} + \overline{B},$$
$$\overline{CA} = C\overline{A},$$
$$\overline{\overline{A}} = \overline{A}, \tag{2.1.2}$$
$$\overline{\overline{A}B} = \overline{A}\,\overline{B}.$$

对于微分和积分运算，也可导出下列运算规则：

$$\overline{\frac{\partial A}{\partial t}} = \frac{1}{N}\left(\frac{\partial A_1}{\partial t} + \frac{\partial A_2}{\partial t} + \cdots + \frac{\partial A_i}{\partial t} + \cdots + \frac{\partial A_N}{\partial t}\right)$$
$$= \frac{\partial}{\partial t}\left[\frac{1}{N}(A_1 + A_2 + \cdots + A_i + \cdots + A_N)\right] \tag{2.1.3}$$
$$= \frac{\partial \overline{A}}{\partial t};$$

类似地，有

$$\overline{\frac{\partial A}{\partial x_i}} = \frac{\partial \overline{A}}{\partial x_i}, \tag{2.1.4}$$

$$\overline{\frac{\mathrm{d}A}{\mathrm{d}t}} = \frac{\mathrm{d}\overline{A}}{\mathrm{d}t}, \tag{2.1.5}$$

$$\overline{\int A\mathrm{d}x_i} = \int \overline{A}\mathrm{d}x_i, \tag{2.1.6}$$

$$\overline{\int A\mathrm{d}t} = \int \overline{A}\mathrm{d}t. \tag{2.1.7}$$

假设 $A = \overline{A} + a'$，$B = \overline{B} + b'$，则依据上述规则，有 $\overline{A} = \overline{\overline{A} + a'} = \overline{A} + \overline{a'}$. 为使上式两边相等，必然有 $\overline{a'} = 0$. 进一步，可推导出

$$\overline{AB} = \overline{(\overline{A} + a')(\overline{B} + b')} = \overline{A}\,\overline{B} + \overline{a'b'}. \qquad (2.1.8)$$

2.1.2 雷诺平均

雷诺最早提出，可把湍流运动设想成两种运动的组合，即在平均运动上叠加了不规则的、尺度范围很广的脉动起伏. 用数学方法描述就是任意变量都可分解为平均量和湍流脉动量之和. 例如，风速矢量水平纵向方向、水平横向方向和垂直方向的三个分量 u，v 和 w，虚位温 θ_v，压强 p，比湿 q，空气密度 ρ 以及污染物浓度 c 等，可分别写成下列形式：

$$\begin{cases} u = \overline{u} + u', v = \overline{v} + v', w = \overline{w} + w', \\ \theta_v = \overline{\theta}_v + \theta_v', \\ p = \overline{p} + p', \\ q = \overline{q} + q', \\ \rho = \overline{\rho} + \rho', \\ c = \overline{c} + c'. \end{cases} \qquad (2.1.9)$$

注意，这里雷诺平均中的湍流脉动量是变量与平均量的差值. 对 (2.1.9) 式中的变量进行平均运算时需遵从一定的法则. 理论上，雷诺平均即系综平均.

如果依据 (2.1.8) 式和 (2.1.9) 式进行计算，则产生的非线性积 $\overline{a'b'}$ 不一定等于零，其他各阶的非线性积 (如 $\overline{a'^2}$，$\overline{a'b'^2}$，$\overline{a'^2b'^2}$ 等) 也是一样. 众多的非线性积都有其固定的物理意义，在大气湍流场中表示一定的过程和影响. 例如，$\rho c_p \overline{w'\theta'}$ 为沿垂直方向单位时间通过单位面积的湍流热量，又称为湍流热量通量或湍流感热通量.

2.2 湍流宏观统计参数

大气湍流研究中经常使用的统计参数有很多，如方差、相关系数等.

2.2.1 方差与湍流强度

方差定义为

$$\sigma_A^2 = \frac{1}{N}\sum_{i=0}^{N-1}(A_i - \overline{A})^2 = \overline{a'^2}, \qquad (2.2.1)$$

σ_A 则称作标准差. 可知风速三个分量的标准差分别为 $\sigma_u = (\overline{u'^2})^{1/2}$，$\sigma_v = (\overline{v'^2})^{1/2}$ 和 $\sigma_w = (\overline{w'^2})^{1/2}$，它们与水平风速模量 $\overline{u}$ 的比值称为湍流强度或阵风度，x，y 和 z 方向的风速湍流强度分别为

$$I_x = \frac{\sigma_u}{\overline{u}}, \quad I_y = \frac{\sigma_v}{\overline{u}}, \quad I_z = \frac{\sigma_w}{\overline{u}}. \tag{2.2.2}$$

2.2.2　协方差

两个变量 A，B 之间的协方差定义为

$$\sigma_{AB}^2 = \frac{1}{N}\sum_{i=0}^{N-1}(A_i - \overline{A})(B_i - \overline{B}) = \frac{1}{N}\sum_{i=0}^{N-1}a_i' b_i' = \overline{a'b'}. \tag{2.2.3}$$

协方差 σ_{AB}^2 表示两个变量 A 和 B 之间的相关程度. 例如，若 A 代表空气位温 θ，B 代表垂直风速 w，则有 $\sigma_{\theta w}^2 = \overline{\theta'w'}$.

对协方差进行归一化，可得到其互相关系数：

$$R_{AB} = \frac{\overline{a'b'}}{\sigma_A \sigma_B}. \tag{2.2.4}$$

R_{AB} 表征在同一时刻、同一空间点上两种不同的气象要素或同一种气象要素不同分量间的相关，例如风速涨落的 x 分量 u' 与 y 分量 v' 之间的相关.

2.2.3　湍流动能

湍流方差同时也表达了湍流的能量. 定义单位质量的湍流动能 $\overline{e}$ 为

$$\overline{e} = \frac{1}{2}(\overline{u'^2} + \overline{v'^2} + \overline{w'^2}). \tag{2.2.5}$$

2.2.4　相关函数与相关系数

空间两点湍流涨落值的乘积平均称为空间相关函数. 设 r_0，$r_0 + r$ 分别为 P，Q 两点的矢径，则有空间相关函数

$$f(r, r_0) = \overline{a'(r_0 + r)a'(r_0)}, \tag{2.2.6}$$

其中 a' 表示湍流涨落值. 湍流是均匀的且其湍流特征和 P，Q 连线取向无关时，空间相关函数的表达式简化为

$$f(r) = \overline{a_P' a_Q'}, \tag{2.2.7}$$

其中 r 是 P，Q 两点的距离. 有时用相关系数的表达式更为方便：

$$R(r) = \frac{1}{\overline{a'^2}}\overline{a_P' a_Q'}. \tag{2.2.8}$$

在均匀湍流场中，涨落值的方差 $\overline{a'^2}$ 不随位置而改变，不必附加脚标.

同理，可以定义空间某一固定点的时间相关函数：

$$f(t, t_0) = \overline{a'(t_0 + t)a'(t_0)}. \tag{2.2.9}$$

时间相关函数 $\overline{a'(t_0)a'(t_0 + t)}$ 反映了湍流的寿命，空间相关函数

$\overline{a'(r_0)a'(r_0 + r)}$ 反映了湍流的尺度.

对于平稳湍流, 时间相关函数应与时间的起点无关, 时间相关函数简化为

$$f(t) = \overline{a'(t_0 + t)a'(t_0)}, \qquad (2.2.10)$$

对应的时间相关系数简化为

$$R(t) = \frac{\overline{a'(t_0 + t)a'(t_0)}}{\overline{a'^2}}. \qquad (2.2.11)$$

根据泰勒的冻结理论, 作变换 $r = \overline{u}t$, 则有 $f(r) = f(\overline{u}t)$.

湍流运动是由大大小小不同的湍涡组成的, 其相关量具有一定的物理意义. 相关系数或相关函数是表征湍流场各种尺度的形式之一. 大尺度的湍涡多, 相关系数大; 反之, 相反. 例如, 对小于两点距离 x 的小尺度湍流涡旋, 两点的速度有较大差别, 速度相关较小; 对大于两点距离 x 的大尺度湍流涡旋, 两点的速度较一致, 速度相关较大.

湍流是连续流体运动的一种形式, 在一个不太长的空间距离内或一段不太长的时间内, 涨落量可以保持一定程度的相关, 随着距离或时间的加长, 相关的程度将逐渐降低. 相关系数是距离或时间的连续函数, 图 2.2.1 给出了两种常见的相关系数曲线形式.

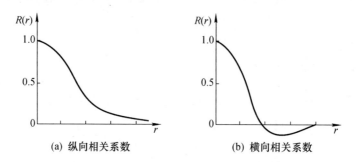

图 2.2.1　两种常见的相关系数的曲线形式(引自盛裴轩等, 2013)

取特定坐标系, 纵向相关(函数)和横向相关(函数)可分别表示为(图 2.2.2)

$$R_{11}(r) = \overline{u_1 u_1'} = \overline{u^2}f(r) = A_1 r^2 + B_1, \qquad (2.2.12a)$$

$$R_{22}(r) = \overline{u_2 u_2'} = \overline{u^2}g(r) = B_1, \qquad (2.2.12b)$$

故有

$$R_{ij}(r) = \overline{u^2}\left[(f - g)\frac{r_i r_j}{r^2} + g\delta_{ij}\right], \qquad (2.2.13)$$

其中 f 和 g 分别为纵向和横向相关系数, 且有

$$f(r) + \frac{r}{2}\frac{\partial f(r)}{\partial r} = g(r).\qquad(2.2.14)$$

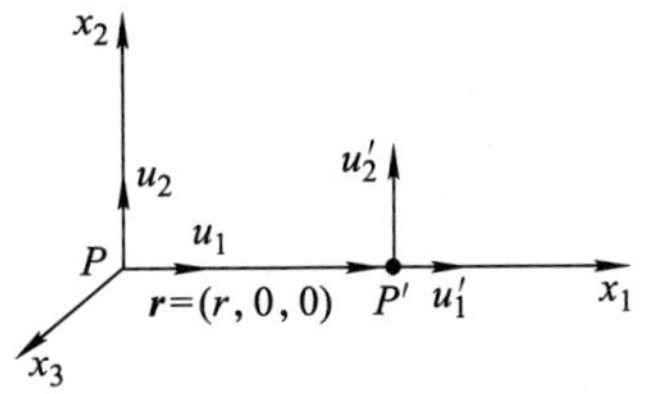

图 2.2.2 纵向相关和横向相关示意图

2.3 大气运动方程组

大气运动规律遵从流体力学的基本定律,但与经典流体力学范畴的流动有着明显的差别:第一,大气运动发生在地球表面,地球表面围绕地轴做圆周运动,大气运动方程比经典流体力学多出了科里奥利加速度项(科氏力项);第二,大气运动发生在地球重力场中,大气温度在垂直方向呈多种层结形态,有浮力作用;第三,大气运动是湍流运动,尤其是低层大气部分. 大气湍流研究不可避免地要借助于热力学和流体力学的理论和基本方程. 在大气湍流研究中,用于定量描述大气湍流运动状态的基础方程包括:气体状态方程、连续性方程、动量守恒方程、热量守恒方程、水汽守恒方程. 如果涉及大气污染物等标量,还需增加相应的附加方程.

2.3.1 气体状态方程

在低层大气中,理想气体状态方程可以满足所描述气体的状态,即

$$p = \rho R_d T_v,\qquad(2.3.1)$$

其中 p 是压强,ρ 是湿空气密度,R_d 是干空气气体常数($R_d = 287$ J·K^{-1}·kg^{-1}),T_v 是热力学虚温($T_v = T(1 + 0.608q)$),T 是热力学温度(单位:K),q 是比湿(单位:g·kg^{-1})).

2.3.2 连续性方程(质量守恒方程)

以 x_i 表示直角坐标系的基,u_i 是相应的风速 V 的分量,连续性方程可表示为

$$\frac{\partial \rho}{\partial t} + \nabla(\rho V) = 0\qquad(2.3.2)$$

或

$$\frac{1}{\rho}\frac{\partial \rho}{\partial t} + \nabla V = 0,$$

用张量形式表示为

$$\frac{1}{\rho}\frac{\partial \rho}{\partial t} + \frac{\partial u_i}{\partial x_i} = 0. \tag{2.3.3}$$

方程(2.3.2)或(2.3.3)表明，当 $\frac{\partial u_i}{\partial x_i} > 0$ 时，大气运动中的空气体积元密度减小；反之，增大. 设大气运动的马赫数为 $Ma = \dfrac{\text{大气运动速度}}{\text{声速}} = \dfrac{u}{c_s}$，大气运动的特征高度为 $H = \dfrac{c_s^2}{g} \approx 12$ km. 当 $Ma^2 \ll 1$，大气运动的垂直尺度 $\ll H$ 时，有 $\dfrac{1}{\rho}\dfrac{\partial \rho}{\partial t} \ll \dfrac{\partial u_i}{\partial x_i}$，则方程(2.3.3)可以近似地改写为

$$\frac{\partial u_i}{\partial x_i} = 0, \tag{2.3.4}$$

即相当于不可压缩的质量守恒方程，亦称连续性方程. 大气湍流运动特征满足上述风速散度为零的条件.

2.3.3 动量守恒方程

在旋转地球上的非惯性坐标系中，大气运动规律遵从下面的方程：

$$\frac{\mathrm{d}V}{\mathrm{d}t} = -\frac{1}{\rho}\nabla p + g{\downarrow} - 2\boldsymbol{\Omega} \times V + \nu \nabla^2 V, \tag{2.3.5}$$
$$\quad ① \qquad ② \qquad ③ \qquad ④ \qquad ⑤$$

其中 $\boldsymbol{\Omega}$ 是地球的旋转角速度，其三个分量分别为 0，$\omega\cos\varphi$，$\omega\sin\varphi$（φ 为纬度，$\omega = 2\pi/(24\mathrm{h}) \approx 7.3 \times 10^{-5} \mathrm{rad \cdot s^{-1}}$），$\nu = \dfrac{\mu}{\rho}$ 是分子黏性系数，μ 是动力黏性系数. 方程(2.3.5)中，第①项表示风速随时间的变化；第②项表示气压梯度力，由于气压空间分布差异引起；第③项表示重力的作用，因气团与地球之间的万有引力引起；第④项表示科氏力效应；第⑤项表示由于空气分子黏性引起的内摩擦力的作用.

考虑到大气湍流运动尺度相对较小，地表可近似按平面处理，大气运动的描述采用直角坐标系，水平方向分别为 x 轴和 y 轴，风速分别用 u 和 v 表征；垂直方向为 z 轴，风速用 w 表征.

在流体力学欧拉表达式中，变率可分解为时间变率和平流变率，即局地变化项和平流项：

$$\frac{\mathrm{d}}{\mathrm{d}t} = \frac{\partial}{\partial t} + u\frac{\partial}{\partial x} + v\frac{\partial}{\partial y} + w\frac{\partial}{\partial z}. \tag{2.3.6}$$

又

$$-2\boldsymbol{\Omega} \times \boldsymbol{V} = -2\begin{vmatrix} \boldsymbol{i} & \boldsymbol{j} & \boldsymbol{k} \\ 0 & \omega\cos\varphi & \omega\sin\varphi \\ u & v & w \end{vmatrix}, \tag{2.3.7}$$

$$\nabla^2 = \frac{\partial^2}{\partial x^2} + \frac{\partial^2}{\partial y^2} + \frac{\partial^2}{\partial z^2}, \tag{2.3.8}$$

则

$$\underset{①}{\frac{\partial u_i}{\partial t}} + \underset{②}{u_j\frac{\partial u_i}{\partial x_j}} = \underset{③}{-\frac{1}{\rho}\frac{\partial p}{\partial x_i}} \underset{④}{- \delta_{i3}g} \underset{⑤}{- 2\varepsilon_{ijk}\omega_j u_k} + \underset{⑥}{\nu\frac{\partial^2 u_i}{\partial x_j \partial x_j}}, \tag{2.3.9}$$

其中 $x_i(i=1,2,3)$ 表示 (x,y,z)，$u_i(i=1,2,3)$ 表示 (u,v,w)，而

$$\delta_{i3} = \begin{cases} 1, & i = 3, \\ 0, & i \neq 3, \end{cases} \qquad \delta_{ijk} = \begin{cases} 1, & i \neq j \neq k, \text{呈偶排列}, \\ -1, & i \neq j \neq k, \text{呈奇排列}, \\ 0, & i = j \text{ 或 } i = k \text{ 或 } j = k. \end{cases}$$

方程(2.3.9)中，第①项表示风速随时间的变化，即惯性；第②项描述平流；第③项描述气压梯度力；第④项表示重力在垂直方向的作用；第⑤项表示科氏力效应；第⑥项表示黏性应力的作用. 方程(2.3.9)往往是大气湍流公式推导的出发点，是大气湍流研究中使用最多的形式之一.

大气的雷诺数数值很大，通常大于 10^5. 大气运动中黏性内摩擦力对运动的加速度影响很小，可以忽略. 取平均风主导方向为 x 轴，将方程(2.3.9)做张量展开，并略去黏性应力项：

$$\frac{\partial u}{\partial t} + u\frac{\partial u}{\partial x} + v\frac{\partial u}{\partial y} + w\frac{\partial u}{\partial z} = -\frac{1}{\rho}\frac{\partial p}{\partial x} + 2v\omega\sin\varphi - 2w\omega\cos\varphi, \tag{2.3.10}$$

$$\frac{\partial v}{\partial t} + u\frac{\partial v}{\partial x} + v\frac{\partial v}{\partial y} + w\frac{\partial v}{\partial z} = -\frac{1}{\rho}\frac{\partial p}{\partial y} - 2u\omega\sin\varphi, \tag{2.3.11}$$

$$\frac{\partial w}{\partial t} + u\frac{\partial w}{\partial x} + v\frac{\partial w}{\partial y} + w\frac{\partial w}{\partial z} = -\frac{1}{\rho}\frac{\partial p}{\partial z} - g + 2u\omega\cos\varphi. \tag{2.3.12}$$

中纬度地区，方程(2.3.10)中科氏力项 $v\omega\sin\varphi \gg w\omega\cos\varphi$. 设 $f = 2\omega\sin\varphi$，$f_1 = 2\omega\cos\varphi$，则方程(2.3.10)~(2.3.12)可写为

$$\frac{\partial u}{\partial t} + u\frac{\partial u}{\partial x} + v\frac{\partial u}{\partial y} + w\frac{\partial u}{\partial z} = -\frac{1}{\rho}\frac{\partial p}{\partial x} + fv, \tag{2.3.13}$$

$$\frac{\partial v}{\partial t} + u\frac{\partial v}{\partial x} + v\frac{\partial v}{\partial y} + w\frac{\partial v}{\partial z} = -\frac{1}{\rho}\frac{\partial p}{\partial y} - fu, \tag{2.3.14}$$

$$\frac{\partial w}{\partial t} + u\frac{\partial w}{\partial x} + v\frac{\partial w}{\partial y} + w\frac{\partial w}{\partial z} = -\frac{1}{\rho}\frac{\partial p}{\partial z} - g + f_1 u \qquad (2.3.15)$$

或

$$\frac{\mathrm{d}u}{\mathrm{d}t} = -\frac{1}{\rho}\frac{\partial p}{\partial x} + fv, \qquad (2.3.16)$$

$$\frac{\mathrm{d}v}{\mathrm{d}t} = -\frac{1}{\rho}\frac{\partial p}{\partial y} - fu, \qquad (2.3.17)$$

$$\frac{\mathrm{d}w}{\mathrm{d}t} = -\frac{1}{\rho}\frac{\partial p}{\partial z} - g + f_1 u. \qquad (2.3.18)$$

2.3.4 热量守恒方程

热力学第一定律描述焓的守恒，包括了热量输送和大气中水汽发生相变时吸收和释放的热量输送. 热量守恒方程可描述为

$$\frac{\partial \theta}{\partial t} + u_j\frac{\partial \theta}{\partial x_j} = \nu_\theta\frac{\partial^2 \theta}{\partial x_j^2} - \frac{1}{\rho c_p}\frac{\partial R_j}{\partial x_j} - \frac{LE}{\rho c_p}, \qquad (2.3.19)$$
$$\quad ① \qquad ② \qquad\quad ③ \qquad\quad ④ \qquad\quad ⑤$$

其中 ν_θ 是热扩散系数，R_j 是 x_j 方向的净辐射分量，c_p 是湿空气的定压比热(c_p 与干空气定压比热 c_{pd} 的关系近似为 $c_p = c_{pd}(1 + 0.86q)$，$c_{pd} = 1004.67\ \mathrm{J\cdot kg^{-1}\cdot K^{-1}}$)，$LE = L_v E$，$L_v$ 是汽化潜热(0℃ 时水的汽化潜热为 $L_v = 2.5 \times 10^6\ \mathrm{J\cdot kg^{-1}}$)，$E$ 是单位时间相变的水量. 方程(2.3.19)中，第①项描述热量的存储；第②项描述平流项，是因热辐射通量梯度引起的热量收支；第③项描述分子扩散，体现分子的热传导作用；第④项表示辐射散度，表征 x_j 方向净辐射通量密度的梯度引起的空气层温度的变化；第⑤项表征有相变时，水汽凝结或蒸发时所释放或吸收的热量.

考虑到空气温度可因上升或下沉过程中气压的变化而变化，不能真实反映热量的收支情况，这里空气温度不用温度 T 表征而采用位温 θ. 根据热力学第一定律，绝热条件下的气体压强和温度有如下关系：

$$\frac{\partial p}{\partial t} = \rho c_p. \qquad (2.3.20)$$

大气压强随高度的变化可以很好地用下式描述：

$$\frac{\partial p}{\partial z} = -\rho g. \qquad (2.3.21)$$

位温是干空气气团绝热上升或下沉到某一参考高度时的温度，通常以气压 1000 hPa 的高度为参考高度，有

$$\theta = T\left(\frac{1000}{p}\right)^{R_d/c_p}. \qquad (2.3.22)$$

位温具有保守量的性质,即位温的变化只因热量收支引起,而不因气压变化而变化. 因实际空气中含有水汽成分,严格的保守性温度是虚位温 θ_v,有

$$\theta_v = \theta(1 + 0.608q). \tag{2.3.23}$$

如果空气湿度不太高,则位温与虚位温的差别较小. 为简单起见,除特别说明外,本书将两者视为相同.

2.3.5　水汽守恒方程

假定大气不可压缩,水汽守恒方程可表示为

$$\underset{①}{\frac{\partial q}{\partial t}} + \underset{②}{u_j \frac{\partial q}{\partial x_j}} = \underset{③}{\nu_q \frac{\partial^2 q}{\partial x_j^2}} + \underset{④}{\frac{S_q}{\rho}} + \underset{⑤}{\frac{S_{qL}}{\rho}}, \tag{2.3.24}$$

其中 ν_q 是水汽分子扩散系数. 方程(2.3.24)中,第①项表示水汽的存储;第②项描述平流;第③项描述分子扩散;第④项表示水汽的源和汇导致空气中水汽含量的变化;第⑤项表征液相或固相向水汽的转化.

2.3.6　物质属性守恒方程

水汽仅仅是物质属性的一种. 实际大气湍流的研究越来越关注各式各样的大气成分,包括污染物质的大气湍流运动规律. 以具有保守性的物理量表示相应的浓度 c,物质属性守恒方程为

$$\underset{①}{\frac{\partial c}{\partial t}} + \underset{②}{u_j \frac{\partial c}{\partial x_j}} = \underset{③}{D \frac{\partial^2 c}{\partial x_j^2}} + \underset{④}{\frac{S_c}{\rho}}, \tag{2.3.25}$$

其中 D 是物质属性的分子扩散系数. 方程(2.3.25)中,第①项表示物质属性的存储;第②项描述平流;第③项描述分子扩散引起的迁移;第④项表示各种源或汇引起的变化,如污染物的排放和化学转化.

2.4　雷诺平均方程

大气边界层中的大气运动以湍流运动为主. 为了探讨湍流的作用,应采用雷诺分解方法将方程(2.3.1),(2.3.4),(2.3.9),(2.3.19),(2.3.24)和方程(2.3.25)转换成平均场和脉动场之和.

2.4.1　平均状态方程

将方程(2.1.9)代入方程(2.3.1),有

$$\frac{\overline{p} + p'}{R_d} = (\overline{\rho} + \rho')(\overline{T}_v + T'_v).\tag{2.4.1}$$

对上式进行雷诺平均，有

$$\overline{\frac{\overline{p} + p'}{R_d}} = \overline{(\overline{\rho} + \rho')(\overline{T}_v + T'_v)},$$

$$\overline{\frac{\overline{p}}{R_d}} + \overline{\frac{p'}{R_d}} = \overline{\overline{\rho}\,\overline{T}_v} + \overline{\overline{\rho}\,T'_v} + \overline{\rho'\,\overline{T}_v} + \overline{\rho'T'_v}.$$

假设大气运动满足平稳、定常条件，脉动场的平均为零，有

$$\frac{\overline{p}}{R_d} = \overline{\rho}\,\overline{T}_v + \overline{\rho'T'_v}.\tag{2.4.2}$$

上式中右边第 2 项相对很小，可略去不计，得到

$$\frac{\overline{p}}{R_d} = \overline{\rho}\,\overline{T}_v.\tag{2.4.3}$$

以方程(2.4.1)减去方程(2.4.3)，再除以方程(2.4.3)，并忽略 $\rho'T'_v$ 项，有

$$\frac{p'}{\overline{p}} = \frac{\rho'}{\overline{\rho}} + \frac{T'_v}{\overline{T}_v}.\tag{2.4.4}$$

可以估算压强脉动项数值的量级：在海平面附近，一般有 $\dfrac{p'}{\overline{p}} \approx \dfrac{0.05\ \text{hPa}}{1000\ \text{hPa}}$ $\approx 5 \times 10^{-5}$，它小于 $\dfrac{T'_v}{\overline{T}_v} \approx \dfrac{0.6\ \text{K}}{300\ \text{K}} \approx 2 \times 10^{-3}$. 这样，$\dfrac{T'_v}{\overline{T}_v}$ 和最终的 $\dfrac{\rho'}{\overline{\rho}}$ 的数量级相比，高 1 ~ 2 个数量级. 因此，可以忽略压强脉动项，方程(2.4.4)可改写为

$$\frac{\rho'}{\overline{\rho}} = -\frac{T'_v}{\overline{T}_v}$$

或

$$\frac{\rho'}{\overline{\rho}} = -\frac{\theta'_v}{\overline{\theta}_v}.\tag{2.4.5}$$

方程(2.4.5)显示：湍流微团相互之间的密度差异 ρ' 只取决于虚温(或虚位温)脉动值 T'_v (或 θ'_v)的差异. 也就是说，随湍流上下随机移动的大气微团，保持其气压随环境平衡的状态.

2.4.2　平均连续性方程

将方程(2.1.9)代入方程(2.3.4)，并取平均，有

$$\overline{\frac{\partial(\overline{u}_j + u'_j)}{\partial x_j}} = \frac{\partial\overline{u}_j}{\partial x_j} + \overline{\frac{\partial u'_j}{\partial x_j}} = 0,\tag{2.4.6}$$

从而有

$$\frac{\partial\overline{u}_j}{\partial x_j} = 0\tag{2.4.7}$$

及

$$\frac{\overline{\partial u_j'}}{\partial x_j} = 0. \tag{2.4.8}$$

可见，瞬时量 u_j，平均量 $\overline{u}_j$ 或湍流脉动量 u_j'，其连续性方程都具有不可压缩、无辐散形式.

2.4.3　平均动量方程

利用泰勒级数展开，近似有

$$\frac{1}{\overline{\rho} + \rho'} \approx \frac{1}{\overline{\rho}}\left(1 - \frac{\rho'}{\overline{\rho}}\right).$$

假设气压平均量满足静力平衡关系 $\frac{1}{\overline{\rho}}\frac{\partial \overline{p}}{\partial z} = -g$，则

$$\begin{aligned}
\frac{1}{\rho}\frac{\partial p}{\partial z} &= \frac{1}{\overline{\rho} + \rho'}\frac{\partial(\overline{p} + p')}{\partial z} \\
&\approx \frac{1}{\overline{\rho}}\left(1 - \frac{\rho'}{\overline{\rho}}\right)\frac{\partial(\overline{p} + p')}{\partial z} \\
&= \frac{1}{\overline{\rho}}\left(1 - \frac{\rho'}{\overline{\rho}}\right)\frac{\partial \overline{p}}{\partial z} + \frac{1}{\overline{\rho}}\left(1 - \frac{\rho'}{\overline{\rho}}\right)\frac{\partial p'}{\partial z} \\
&= \frac{1}{\overline{\rho}}\frac{\partial \overline{p}}{\partial z} - \frac{\rho'}{\overline{\rho}}\frac{1}{\overline{\rho}}\frac{\partial \overline{p}}{\partial z} + \frac{1}{\overline{\rho}}\frac{\partial p'}{\partial z} - \frac{1}{\overline{\rho}}\frac{\rho'}{\overline{\rho}}\frac{\partial p'}{\partial z} \\
&= -g + \frac{\rho'}{\overline{\rho}}g + \frac{1}{\overline{\rho}}\frac{\partial p'}{\partial z} - \frac{\rho'}{\overline{\rho}}\frac{1}{\overline{\rho}}\frac{\partial p'}{\partial z}. \tag{2.4.9}
\end{aligned}$$

忽略(2.4.9)式中右边最后一项，将(2.4.5)式代入，有

$$\begin{aligned}
\frac{1}{\rho}\frac{\partial p}{\partial z} &= -g - \frac{\theta_v'}{\overline{\theta}_v}g + \frac{1}{\overline{\rho}}\frac{\partial p'}{\partial z} \\
&= -g - \frac{\theta_v'}{\overline{\theta}_v}g + \frac{1}{\overline{\rho}}\frac{\partial(p - \overline{p})}{\partial z} \\
&= -g - \frac{\theta_v'}{\overline{\theta}_v}g + \frac{1}{\overline{\rho}}\frac{\partial p}{\partial z} - \frac{1}{\overline{\rho}}\frac{\partial \overline{p}}{\partial z} \\
&= -\frac{\theta_v'}{\overline{\theta}_v}g + \frac{1}{\overline{\rho}}\frac{\partial p}{\partial z}, \tag{2.4.10}
\end{aligned}$$

则

$$-\frac{1}{\rho}\frac{\partial p}{\partial z} - g = +\frac{\theta_v'}{\overline{\theta}_v}g - \frac{1}{\overline{\rho}}\frac{\partial p}{\partial z} - g$$

$$= -\frac{1}{\overline{\rho}}\frac{\partial p}{\partial z} - \left(1 - \frac{\theta_v'}{\overline{\theta_v}}\right)g. \tag{2.4.11}$$

将(2.4.11)式代入(2.3.9)式，有

$$\frac{\partial u_i}{\partial t} + u_j\frac{\partial u_i}{\partial x_j} = -\frac{1}{\overline{\rho}}\frac{\partial p}{\partial x_i} - \delta_{i3}g\left(1 - \frac{\theta_v'}{\overline{\theta_v}}\right) + \varepsilon_{ij3}fu_j + \nu\frac{\partial^2 u_i}{\partial x_j^2}. \tag{2.4.12}$$

(2.4.12)式应用了 Boussinesq 近似，即忽略惯性力项中的空气密度变化，保留浮力项中的空气密度变化. 再将雷诺平均关系代入(2.4.12)式，有

$$\frac{\partial(\overline{u_i} + u_i')}{\partial t} + (\overline{u_j} + u_j')\frac{\partial(\overline{u_i} + u_i')}{\partial x_j}$$

$$= -\frac{1}{\overline{\rho}}\frac{\partial(\overline{p} + p')}{\partial x_i} - \delta_{i3}g\left(1 - \frac{\theta_v'}{\overline{\theta_v}}\right) + f\varepsilon_{ij3}(\overline{u_j} + u_j') + \nu\frac{\partial^2(\overline{u_i} + u_i')}{\partial x_j^2}.$$
$$\tag{2.4.13}$$

按照平均法则对(2.4.13)式求平均，得

$$\frac{\partial\overline{u_i}}{\partial t} + \overline{u_j}\frac{\partial\overline{u_i}}{\partial x_j} + \overline{u_j'\frac{\partial u_i'}{\partial x_j}} = -\frac{1}{\overline{\rho}}\frac{\partial\overline{p}}{\partial x_i} - \delta_{i3}g + f\varepsilon_{ij3}\overline{u_j} + \nu\frac{\partial^2\overline{u_i}}{\partial x_j^2}. \tag{2.4.14}$$

同时，以 u_i' 乘以(2.4.8)式并求平均，与(2.4.14)式相加，有

$$\underset{①}{\frac{\partial\overline{u_i}}{\partial t}} + \underset{②}{\overline{u_j}\frac{\partial\overline{u_i}}{\partial x_j}} = \underset{③}{-\frac{1}{\overline{\rho}}\frac{\partial\overline{p}}{\partial x_i}} \underset{④}{- \delta_{i3}g} + \underset{⑤}{f\varepsilon_{ij3}\overline{u_j}} + \underset{⑥}{\nu\frac{\partial^2\overline{u_i}}{\partial x_j^2}} - \underset{⑦}{\frac{\partial(\overline{u_i'u_j'})}{\partial x_j}}. \tag{2.4.15}$$

(2.4.15)式中，第①项表示平均动量随时间的变化，即存储项；第②项描述水平平流对平均动量的影响，即平流项；第③项描述平均的气压梯度力；第④项表示重力在垂直方向的作用；第⑤项表示科氏力效应；第⑥项表示黏性应力的作用；第⑦项表示雷诺应力对平均动量的影响，即动量通量的散度项. 对比(2.3.9)式发现，(2.4.15)式多出了通量散度项，该项表示平均动量是湍流动量的来源. 通量散度项一般都表现出对平均场动量增减的贡献，数值常常较大，或者比方程中的其他项大. 在大尺度动力学中，该项用以表示摩擦力的作用，因此在对湍流边界层作预报时，即使预报的物理量为平均量，也必须考虑湍流的作用.

2.4.4　平均热量方程

和平均动量方程类似，将雷诺平均关系代入(2.3.19)式，按照平均法则求其平均，有

$$\underset{①}{\frac{\partial\overline{\theta}}{\partial t}} + \underset{②}{\overline{u_j}\frac{\partial\overline{\theta}}{\partial x_j}} = \underset{③}{\nu_\theta\frac{\partial^2\overline{\theta}}{\partial x_j^2}} - \underset{④}{\frac{1}{\overline{\rho}c_p}\frac{\partial R_j}{\partial x_j}} - \underset{⑤}{\frac{LE}{\overline{\rho}c_p}} - \underset{⑥}{\frac{\partial(\overline{u_j'\theta'})}{\partial x_j}}. \tag{2.4.16}$$

(2.4.16)式中，第①项表示热量的平均存储；第②项描述由平均场产生的热量平流；第③项描述分子扩散，体现分子的热传导作用；第④项表示辐射散度，为平均源项；第⑤项表征有相变时，水汽凝结或蒸发时所释放或吸收的平均热量；第⑥项表示平均运动提供了湍流热量来源，为热量散度项. 同样，(2.4.16)式多了最后一项，即热量散度项. 与湍流动量一样，热量散度项一般都表现出对平均场热量增减的贡献，数值常常较大，甚至比方程中的其他项大.

2.4.5 平均水汽方程

将雷诺平均关系代入(2.3.24)式，按照平均法则其求平均，有

$$\frac{\partial \overline{q}}{\partial t} + \overline{u}_j \frac{\partial \overline{q}}{\partial x_j} = \nu_q \frac{\partial^2 \overline{q}}{\partial x_j^2} + \frac{S_q + S_{qL}}{\overline{\rho}} - \frac{\partial(\overline{u_j' q'})}{\partial x_j}. \qquad (2.4.17)$$

$$\quad① \qquad ② \qquad ③ \qquad ④ \qquad ⑤$$

(2.4.17)式中，第①项表示水汽的平均存储；第②项描述由平均场产生的水汽平流；第③项描述平均的水汽分子扩散；第④项表示水汽的总源；第⑤项表示平均运动提供了湍流水汽输送，为水汽通量散度项. (2.4.17)式多了水汽通量散度项，该项一般表现出对平均场水汽量增减的贡献，数值常常较大，甚至比方程中的其他项大.

2.4.6 平均物质属性方程

大气成分的平均运动方程具有与水汽平均运动方程类似的形式. 对物质属性守恒方程(2.3.25)进行雷诺分解，并求平均，有

$$\frac{\partial \overline{c}}{\partial t} + \overline{u}_j \frac{\partial \overline{c}}{\partial x_j} = D \frac{\partial^2 \overline{c}}{\partial x_j^2} + \frac{S_c}{\overline{\rho}} - \frac{\partial(\overline{u_j' c'})}{\partial x_j}. \qquad (2.4.18)$$

$$\quad① \qquad ② \qquad ③ \qquad ④ \qquad ⑤$$

(2.4.18)式中，第①项表示物质属性的平均存储；第②项描述平均场中物质的平流；第③项描述平均分子扩散引起的迁移；第④项表示各种源或汇引起的平均变化；第⑤项表示平均运动提供了物质的湍流输送，为物质通量散度项. 物质通量散度项表现出对平均场物质增减的贡献，数值常常较大，甚至比方程中的其他项大.

2.4.7 雷诺平均方程组

设水平风速主导风向为 x 方向，即水平纵向；垂直于水平风速主导风向为 y 方向，即水平横向. 为方便使用，将(2.4.15)式在水平纵向 x，水平横向 y 和垂直方向 z 三个方向展开，风速分量 u_1，u_2 和 u_3 分别写成 u，v 和 w，并假设：

（1）大气流场水平均一，对 x 方向和 y 方向的导数为零；

（2）垂直方向的平均风速 $\bar{w} = 0$；

（3）用地转风定义替代水平气压梯度项；

（4）忽略数量级小的分子黏性力项，

则得到简化的雷诺平均方程组

$$\frac{\partial \bar{u}}{\partial t} = -f(v_g - \bar{v}) - \frac{\partial (\overline{u'w'})}{\partial z}, \tag{2.4.19a}$$

$$\frac{\partial \bar{v}}{\partial t} = f(u_g - \bar{u}) - \frac{\partial (\overline{v'w'})}{\partial z}, \tag{2.4.19b}$$

$$\frac{\partial \bar{\theta}}{\partial t} = -\frac{1}{\bar{\rho} c_p}\left(LE + \frac{\partial R}{\partial z} \right) - \frac{\partial (\overline{w'\theta'})}{\partial z}, \tag{2.4.19c}$$

$$\frac{\partial \bar{q}}{\partial t} = \frac{S_q + S_{qL}}{\bar{\rho}} - \frac{\partial (\overline{w'q'})}{\partial z}, \tag{2.4.19d}$$

$$\frac{\partial \bar{c}}{\partial t} = \frac{S_c}{\bar{\rho}} - \frac{\partial (\overline{w'c'})}{\partial z}, \tag{2.4.19e}$$

其中 $v_g - \bar{v}$ 和 $u_g - \bar{u}$ 是某一高度风速与地转风速的差值，称为地转风偏差或亏损速度.

2.5　湍流动能守恒方程

湍流动能（TKE）是大气湍流重要的物理量之一，是湍流强度的量度，与动量、热量、水汽和物质的输送有着密切联系. 湍流动能守恒方程描述了湍流产生的各个物理过程，这些过程的强弱涉及湍流的产生、维持或消失. 也可以从湍流动能守恒方程出发讨论湍流运动的稳定性问题. 下面给出湍流动能守恒方程的推导过程：

用动量守恒方程（2.3.9）减去平均动量方程（2.4.15），并利用（2.4.10）式的推导，有

$$\frac{\partial u_i'}{\partial t} + \bar{u}_j \frac{\partial u_i'}{\partial x_j} + u_j' \frac{\partial \bar{u}_i}{\partial x_j} + u_j' \frac{\partial u_i'}{\partial x_j}$$

$$= -\frac{1}{\bar{\rho}} \frac{\partial p'}{\partial x_i} + \delta_{i3} g \frac{\theta_v'}{\theta_v} + f\varepsilon_{ij3} u_j' + \nu \frac{\partial^2 u_i'}{\partial x_j^2} + \frac{\partial (\overline{u_i' u_j'})}{\partial x_j}.$$

上式各项乘以 $2u_i'$，有

$$2u_i' \frac{\partial u_i'}{\partial t} + 2u_i' \bar{u}_j \frac{\partial u_i'}{\partial x_j} + 2u_i' u_j' \frac{\partial \bar{u}_i}{\partial x_j} + 2u_i' u_j' \frac{\partial u_i'}{\partial x_j}$$

$$= -2u_i' \frac{1}{\bar{\rho}} \frac{\partial p'}{\partial x_i} + 2\delta_{i3} u_i' g \frac{\theta_v'}{\theta_v} + 2f\varepsilon_{ij3} u_i' u_j' + 2\nu u_i' \frac{\partial^2 u_i'}{\partial x_j^2} + 2u_i' \frac{\partial (\overline{u_i' u_j'})}{\partial x_j}.$$

利用 $2u_i'\dfrac{\partial u_i'}{\partial t} = \dfrac{\partial (u_i')^2}{\partial t}$ ，有

$$\frac{\partial u_i'^2}{\partial t} + \overline{u}_j \frac{\partial u_i'^2}{\partial x_j} + 2u_i'u_j' \frac{\partial \overline{u}_i}{\partial x_j} + u_j' \frac{\partial u_i'^2}{\partial x_j}$$

$$= -2\frac{u_i'}{\overline{\rho}}\frac{\partial p'}{\partial x_i} + 2\delta_{i3}u_i'g\frac{\theta_v'}{\overline{\theta}_v} + 2f\varepsilon_{ij3}u_i'u_j' + 2\nu u_i'\frac{\partial^2 u_i'}{\partial x_j^2} + 2u_i'\frac{\partial(\overline{u_i'u_j'})}{\partial x_j}.$$

对上式做雷诺平均，且 $\overline{u_i'}=0$，有

$$\overline{\frac{\partial u_i'^2}{\partial t}} + \overline{u}_j \overline{\frac{\partial u_i'^2}{\partial x_j}} + 2\overline{u_i'u_j' \frac{\partial \overline{u}_i}{\partial x_j}} + \overline{u_j' \frac{\partial u_i'^2}{\partial x_j}}$$

$$= -2\overline{\frac{u_i'}{\overline{\rho}}\frac{\partial p'}{\partial x_i}} + 2\overline{\delta_{i3}u_i'g\frac{\theta_v'}{\overline{\theta}_v}} + 2f\varepsilon_{ij3}\overline{u_i'u_j'} + 2\nu \overline{u_i'\frac{\partial^2 u_i'}{\partial x_j^2}}.$$

将湍流连续性方程(2.3.4)乘以 $u_i'^2$，与上式相加，有

$$\overline{\frac{\partial u_i'^2}{\partial t}} + \overline{u}_j \overline{\frac{\partial u_i'^2}{\partial x_j}} + 2\overline{u_i'u_j' \frac{\partial \overline{u}_i}{\partial x_j}} + \overline{u_j' \frac{\partial u_i'^2}{\partial x_j}} + \overline{u_i'^2 \frac{\partial u_i'}{\partial x_j}}$$

$$= -2\overline{\frac{u_i'}{\overline{\rho}}\frac{\partial p'}{\partial x_i}} + 2\overline{\delta_{i3}u_i'g\frac{\theta_v'}{\overline{\theta}_v}} + 2f\varepsilon_{ij3}\overline{u_i'u_j'} + 2\nu \overline{u_i'\frac{\partial^2 u_i'}{\partial x_j^2}}.$$

合并上式左端第4项和第5项，有

$$\overline{\frac{\partial u_i'^2}{\partial t}} + \overline{u}_j \overline{\frac{\partial u_i'^2}{\partial x_j}} + 2\overline{u_i'u_j' \frac{\partial \overline{u}_i}{\partial x_j}} + \frac{\partial(\overline{u_i'^2 u_j'})}{\partial x_j}$$

$$= -2\overline{\frac{u_i'}{\overline{\rho}}\frac{\partial p'}{\partial x_i}} + 2\overline{\delta_{i3}u_i'g\frac{\theta_v'}{\overline{\theta}_v}} + 2f\varepsilon_{ij3}\overline{u_i'u_j'} + 2\nu \overline{u_i'\frac{\partial^2 u_i'}{\partial x_j^2}}.$$

对于黏性项 $2\nu\, \overline{u_i'\dfrac{\partial^2 u_i'}{\partial x_j^2}}$，有

$$2\,\overline{u_i'\frac{\partial^2 u_i'}{\partial x_j^2}} = 2\,\overline{u_i'\frac{\partial}{\partial x_j}\frac{\partial u_i'}{\partial x_j}} = \overline{\frac{\partial}{\partial x_j}\left(2u_i'\frac{\partial u_i'}{\partial x_j}\right)} - 2\overline{\frac{\partial u_i'}{\partial x_j}\frac{\partial u_i'}{\partial x_j}}$$

$$= \overline{\frac{\partial}{\partial x_j}\left(\frac{\partial u_i'^2}{\partial x_j}\right)} - 2\overline{\frac{\partial u_i'}{\partial x_j}\frac{\partial u_i'}{\partial x_j}}$$

$$= \frac{\partial^2 \overline{u_i'^2}}{\partial x_j^2} - 2\overline{\left(\frac{\partial u_i'}{\partial x_j}\right)^2} \approx -2\overline{\left(\frac{\partial u_i'}{\partial x_j}\right)^2},$$

即

$$2\nu\,\overline{u_i'\frac{\partial^2 u_i'}{\partial x_j^2}} \approx -2\nu\,\overline{\left(\frac{\partial u_i'}{\partial x_j}\right)^2} = -2\varepsilon,$$

其中定义湍流耗散率为 $\varepsilon = \nu \overline{\left(\dfrac{\partial u_i'}{\partial x_j}\right)^2}$.

对于压力脉动项 $-2\overline{\dfrac{u_i'}{\rho}\dfrac{\partial p'}{\partial x_i}}$，有

$$-2\overline{\frac{u_i'}{\rho}\frac{\partial p'}{\partial x_i}} = -\frac{2}{\rho}\frac{\partial\overline{(u_i'p')}}{\partial x_i} + 2\overline{\frac{p'}{\rho}\frac{\partial u_i'}{\partial x_i}}.$$

结合连续性方程，上式最后一项不能使湍流总方差改变，但却可以使能量进行分配. 由数量级的分析可知，上式第 2 项相对较小，可以忽略.

对于科氏力项 $2f\varepsilon_{ij3}\overline{u_i'u_j'}$，有

$$2f\varepsilon_{ij3}\overline{u_i'u_j'} = 2f\varepsilon_{123}\overline{u_1'u_2'} + 2f\varepsilon_{213}\overline{u_2'u_1'} = 0,$$

科氏力项对湍流方差的贡献恒为零，即从物理上，科氏力不能产生湍流动能，仅仅是动能在不同方向上的再分配. 另外，由于科氏力项比方程中其他项小 2～3 个数量级，也可以近似忽略.

综上，得到风速方差 $\overline{u_i'^2}$ 的预报方程

$$\frac{\partial\overline{u_i'^2}}{\partial t} + \overline{u}_j\frac{\partial\overline{u_i'^2}}{\partial x_j} = 2\delta_{i3}g\frac{\overline{u_i'\theta_v'}}{\overline{\theta}_v} - 2\overline{u_i'u_j'}\frac{\partial\overline{u}_i}{\partial x_j} - \frac{\partial\overline{(u_i'^2u_j')}}{\partial x_j}$$

$$-\frac{2}{\rho}\frac{\partial\overline{(u_i'p')}}{\partial x_i} - 2\varepsilon. \qquad (2.5.1)$$

根据湍流动能 $\overline{e}$ 的定义，并取坐标轴 x 为平均风向，有

$$\frac{\partial\overline{e}}{\partial t} + \overline{u}_j\frac{\partial\overline{e}}{\partial x_j} = -\overline{u_i'u_j'}\frac{\partial\overline{u}_i}{\partial x_j} + \delta_{i3}\frac{g}{\overline{\theta}_v}\overline{u_i'\theta_v'} - \frac{\partial\overline{(u_j'\overline{e})}}{\partial x_j} - \frac{1}{\rho}\frac{\partial\overline{(u_i'p')}}{\partial x_i} - \varepsilon.$$

$$(2.5.2)$$

假设大气湍流运动满足水平均一的条件，且 $\overline{w}=0$. 上式中第 2 项为零，湍流动能守恒方程可表示为

$$\frac{\partial\overline{e}}{\partial t} = -\overline{u'w'}\frac{\partial\overline{u}}{\partial z} + \frac{g}{\overline{\theta}_v}\overline{w'\theta_v'} - \frac{\partial\overline{(w'\overline{e})}}{\partial z} - \frac{1}{\rho}\frac{\partial\overline{(w'p')}}{\partial z} - \varepsilon. \qquad (2.5.3)$$

$$①\qquad\qquad②\qquad\qquad③\qquad\qquad④\qquad\qquad⑤\qquad\qquad⑥$$

方程 $(2.5.3)$ 表示低层大气中单位质量空气的湍流动能增减变化，方程中各项的物理意义分别如下：

① 湍流能量储存项，表示湍流能量随时间的增强或减弱.

② 雷诺应力做功对湍流动能的贡献，即垂直方向向上，单位厚度内应力做功对湍流能量增减的贡献为 $-\overline{\rho}\,\overline{u'w'}\dfrac{\partial\overline{u}}{\partial z}$.

③ 浮力做功对湍能的贡献. $\dfrac{g}{\overline{\theta}_v}\theta_v'$ 为浮力，乘以 w' 表示湍流微团单位时间

内浮力做功对湍能的贡献.

④ 湍流能量由垂直风速脉动 w' 携带在垂直方向的输送. 若各个高度上输送量不同 $\left(\dfrac{\partial(\overline{w'e})}{\partial z}\neq 0\right)$，则在该高度层间有湍流动能的累积或亏损.

⑤ 压力脉动做功对湍流动能的贡献.

⑥ 分子黏性耗损对湍流动能的耗损. 耗散项中，尽管 ν 值本身的数量级很小，但在湍流场内 $\dfrac{\partial u_i'}{\partial x_j}$ 一般都较大，涡旋尺度越小其值越大. 湍流动能耗散项在方程中不能忽略不计.

2.6　平均运动动能方程

以类似的方法，从 (2.4.15) 式出发推导平均运动动能（MKE）的方程，即

$$\underset{①}{\frac{\partial}{\partial t}(0.5\bar{u}_i^{\,2})} + \underset{②}{\bar{u}_j\frac{\partial}{\partial x_j}(0.5\bar{u}_i^{\,2})}$$

$$= \underset{③}{-g\delta_{i3}\bar{u}_i} + \underset{④}{\varepsilon_{ij3}f\bar{u}_i\bar{u}_j} - \underset{⑤}{\frac{\bar{u}_i}{\bar{\rho}}\frac{\partial\bar{p}}{\partial x_i}} + \underset{⑥}{\nu\bar{u}_i\frac{\partial^2\bar{u}_i}{\partial x_j^2}} - \underset{⑦}{\bar{u}_i\frac{\partial(\overline{u_i'u_j'})}{\partial x_j}}. \qquad (2.6.1)$$

上式中各项的物理意义分别如下：

① 平均运动动能的存储，表示平均动能的增强或减弱.

② 平均风对平均运动动能的平流输送.

③ 重力作用于垂直运动对能量的增强或减弱.

④ 科氏力项. 实际上，x 方向和 y 方向的方程中分别包含了 $-f\bar{u}\bar{v}$ 和 $+f\bar{u}\bar{v}$，两项相互抵消，科氏力项为零.

⑤ 气压梯度力对能量的增减作用.

⑥ 平均运动的分子耗散. 相对方程中其他各项，其数值很小，一般略去不计.

⑦ 平均流与湍流的相互作用.

假设垂直方向平均速度 $\bar{w}=0$，平均风向沿 x 轴（$\bar{v}=0$），对于方程 (2.6.1) 中最后一项，有

$$-\bar{u}\frac{\partial(\overline{u'w'})}{\partial z} = \overline{u'w'}\frac{\partial\bar{u}}{\partial z} - \frac{\partial(\overline{u'w'\bar{u}})}{\partial z}, \qquad (2.6.2)$$

则单位质量平均运动动能方程简化为

$$\frac{\partial\overline{E}}{\partial t} + \bar{u}\frac{\partial\overline{E}}{\partial z} = -\frac{\bar{u}}{\bar{\rho}}\frac{\partial\bar{p}}{\partial x} + \overline{u'w'}\frac{\partial\bar{u}}{\partial z} - \frac{\partial(\overline{u'w'\bar{u}})}{\partial z}, \qquad (2.6.3)$$

其中 $\bar{E} = \frac{1}{2}(\overline{u}^2 + \overline{v}^2 + \overline{w}^2)$ 表示单位质量平均动能. 方程 (2.6.3) 中的 $\overline{u'w'}\frac{\partial \overline{u}}{\partial z}$ 项

与湍流动能守恒方程 (2.5.3) 中 $-\overline{u'w'}\frac{\partial \overline{u}}{\partial z}$ 项的表达式相同, 符号相反, 说明通过切应力做功使湍流运动从平均运动中获取能量. 后面的讨论将会提到, 近地面层内的风速随高度增加而增大, 切应力做功始终保持正值, 使湍流运动从平均运动中不断获取能量, 而浮力做功对湍流能量的贡献则有正有负.

2.7 Boussinesq 近似

在 2.4.1 小节中推导 (2.4.12) 式时提到 Boussinesq 近似, 即忽略惯性力项中的空气密度变化, 保留浮力项中的密度变化. 由此, 在密度缓慢变化, 而瞬时密度和平均密度相等的前提下, 浮力做功可以对湍流运动动能的产生有重要贡献. 同时, 也使湍流运动方程组简单化, 一些重要的物理过程容易理解. 除了浮力作用外, Boussinesq 近似在方程的所有平均过程中均忽略密度扰动效应.

实际上, 考虑密度扰动时, 必须同时考虑温度和气压扰动. 回顾 (2.4.4) 式, 密度扰动受温度扰动和气压扰动的共同影响, 实际大气中的气压扰动几乎可以忽略, 仅仅用温度扰动已经可以很好地估算密度扰动.

为了说明密度扰动对浮力项的影响, 对方程 (2.3.18) 做雷诺分解:

$$\frac{\mathrm{d}w}{\mathrm{d}t} = -\frac{1}{(\bar{\rho} + \rho')}\frac{\partial(\bar{p} + p')}{\partial z} - g + f_1 u. \qquad (2.7.1)$$

实际大气中, 有 $\rho' \ll \bar{\rho}$, 且大气平均状态一般仅仅是高度的函数:

$$\frac{\partial \bar{p}}{\partial z} = -\bar{\rho}g,$$

$$-\frac{\partial(\bar{p} + p')}{\partial z} = -\frac{\partial \bar{p}}{\partial z} - \frac{\partial p'}{\partial z} = \bar{\rho}g - \frac{\partial p'}{\partial z},$$

则

$$\frac{\mathrm{d}w}{\mathrm{d}t} = -\frac{1}{\bar{\rho}}\frac{\partial p'}{\partial z} - \frac{\rho'}{\bar{\rho}}g + f_1 u. \qquad (2.7.2)$$

对比 (2.3.18) 式和 (2.7.2) 式发现, 后者突出了密度扰动对浮力项的影响.

2.8 湍流闭合技术

在推导湍流运动方程的过程中, 由于雷诺分解导致平均场和湍流场的分离, 方程发生了较大的变化, 雷诺平均方程组中出现了湍流项, 方程组所含未知量的个数大于方程数目, 方程组出现不闭合. 为了求解方程组, 需要利用某些假设来计算或表示其中的湍流项. 这些假设称之为湍流闭合技术、湍流参数化方法或湍流闭合问题. 它是湍流理论和应用研究中的难题之一.

回顾湍流闭合研究,1932 年 Prantdtl 首次提出一阶闭合方案,即 K 理论. 这一方案经过不断完善和改进至今在大尺度模式中仍被广泛应用,并且对其改进的工作也一直没有停止. 1940—1950 年,周培源提出了二阶闭合方案, Rotta 等进行了改进,但直到 60 年代末期计算能力才达到应用水平. 1970 年, Deardorff 首次将空间平均意义下湍流参数化的大涡模拟技术应用于大气边界层湍流. 1975 年,Yamada 和 Mellor 建立了用湍流动能来参数化系数 K 的一阶半闭合方案. 1978 年,Andre 首次建立并应用了三阶湍流闭合方案,但由于方程复杂和计算量过大,应用并不广泛. 1979 年,Berkowicz 和 Prahm 根据大涡扩散比小涡扩散更加有效的假定提出了非局地闭合-谱扩散理论. 1984 年,Stull 根据大尺度涡能穿过有限距离输送气流的假定研究出非局地闭合-跳跃湍流理论的两种独立形式,可分别应用于数值模拟的离散形式和理论分析的积分形式. 1990 年,Holtslag 在 Deardorff 等人 1972 年理论框架的基础上用 Moeng 等人的大涡模拟资料对 K 理论做了负梯度输送的重大修正.

闭合技术中,闭合阶数可用方程组中涉及变量的最高阶数来表示,并确定次高阶矩(表 2.8.1). 一般地,简单闭合技术采用整体法,高阶闭合技术则需要大量计算(表 2.8.2).

表 2.8.1　闭合技术(引自 Stull,1988)

闭合阶数	方程中的变量	方程中的近似项	方程个数	未知量个数
一阶	$\overline{u_i}$	$\overline{u_i u_j}$	3	6
二阶	$\overline{u_i u_j}$	$\overline{u_i u_j u_k}$	6	10
三阶	$\overline{u_i u_j u_k}$	$\overline{u_i u_j u_k u_l}$	10	15

表 2.8.2　闭合技术的方法(部分引自 Foken,2008)

闭合阶数	方法	方程
零阶	无预报方程(整体法和相似性方法)	对平均量进行诊断
半阶	简单的整体法预报	零阶方程,涡动黏性系数方法
一阶	K 理论(局地),跳跃闭合(非局地)	保留 TKE 方程
一阶半	含协方差项的 TKE 方程	
二阶	湍流通量预报方程	保留 TKE 和耗散率方程
三阶	三阶相关项的预报方程	

2.8.1　零阶闭合

零阶闭合不保留任何方程,将风速、温度、湿度等气象要素直接表示为空间和时间的函数形式,完全避免了湍流参数化问题,近地层相似性理论是其很好的应用.

2.8.2　半阶闭合

半阶闭合是平均运动方程(2.4.3),(2.4.7),(2.4.15),(2.4.16)和(2.4.17)的一个变形,是在假设风速廓线和温度廓线具有一定形式的前提下进行求解的(关于风速廓线和温度廓线的具体内容见5.3节),求解过程依赖于整层大气平均的风场或温度场.

2.8.3　局地一阶闭合

一阶闭合的形式类似分子扩散的原理,即假设某大气参量 α 的垂直通量与该参量的垂直梯度成比例,其比例因子是湍流交换系数 K,故又称 K 理论. 大气中某一高度的湍流通量可以用该高度的梯度表示:

$$\overline{u_i'\alpha'} = -K\frac{\partial\overline{\alpha}}{\partial z},\qquad(2.8.1)$$

其中湍流交换系数 K 可分为湍流动量交换系数 K_m,湍流热量交换系数 K_h 和湍流水汽交换系数 K_e,分别对应湍流动量通量、感热通量和潜热通量. 湍流动量交换系数与湍流热量交换系数成比例关系,有

$$Pr = \frac{K_m}{K_h},\qquad(2.8.2)$$

其中 $Pr\approx0.8$ 称为普朗特数. 中性层结下,近地面层湍流动量交换系数多数表达为 $K_m = \kappa z u_*$,其中 κ 为 von Karman 常数, z 为高度, u_* 为摩擦速度. 闭合参数化在更高的大气边界层中也可使用(Garratt, 1992;Jacobson, 2005;Stull, 1988). K 理论方法也经常用于两个相邻的大气层或者湍流单元之间的交换过程,但不适用于对流情况,也不能用于较高植被地区和大气层结非常稳定的情况.

K 理论方法有一定的经验性,也称半经验理论,属于局地闭合,即(2.8.1)式中的微分适用于较小的区间范围,有"局地"性质. 如果较大尺度的湍流涡旋对交换过程有贡献,并且大尺度湍涡的全部通量大于由小尺度湍涡单独引起的交换,则闭合方法不能使用局地闭合,而要用非局地闭合,如较高植被地区的湍流输运过程. 这时的闭合方法包括过渡理论或谱扩散理论. 过渡理论(Stull, 1984)对相邻气层或者相邻气块之间的湍流交换过程做了近似处理,

同时还考虑了非相邻气块之间的湍流交换.

2.8.4　高阶闭合

目前，高阶闭合比一阶闭合更常见. 但是大多数湍流参数化基本属于经验理论. 使用较多的是一阶半闭合和二阶闭合. 对湍流方差，包括协方差进行闭合，部分方差可从湍流动能方程中获得.

一阶半闭合仍然采用梯度输送假设，但引入湍流动能守恒方程，定量地将湍流交换系数与湍流动能联系起来. 这时出现动能等参量，但没有通量项.

二阶闭合的方程组包括一阶矩方程和二阶矩湍流量的各预报方程，能够良好地预报平均量、湍流方差和湍流通量. 其中，高阶矩方程反映了矩量的关系，高阶矩的影响减弱，则闭合方案的敏感性减低. 具体进行闭合时，需将方程中的三阶湍流量表达为二阶量和一阶量的组合函数.

综上，闭合问题涉及以下三个方面：

（1）现实：大气运动方程组中的变量多于方程数；

（2）方法：对高阶项降阶，给出其关系方程和参数；

（3）定义降阶的方式.

闭合的原则和基本规律如下：

（1）闭合方程两边必须具有相同的量纲；

（2）闭合方程中的各项具有相同等级的张量，即方程组阶数可降，但张量阶数不可降；

（3）闭合方程中的各项具有相同的对称性；

（4）做任何坐标变换，闭合方程保持不变；

（5）闭合方程中的各项满足同样的限制条件.

第三章 大气湍流运动

3.1 大气湍流的平稳性、均匀性、各向同性和各态历经性

大气湍流运动在一定程度上遵从数学的统计规律和法则，但有其特殊性．对于大气质点运动过程中某一气体微团，以 $u(r,t;\alpha)$ 表示其沿坐标轴某一方向的速度分量．当大气运动状态为湍流时，$u(r,t;\alpha)$ 是坐标 $r=(r_1,r_2,r_3)$ 和时间 t 的随机函数，即 $u(r,t;\alpha)$ 是随坐标位置和时间变化的随机过程．就大气湍流运动而言，该随机函数是连续的．这里的 α 表示外部条件完全一样的情况下的各种可能出现的记录．当 α 固定时，$u(r,t;\alpha)$ 代表一次取样，或称一个现实(realization)．各种可能 α 的集合形成同一种概率分布的湍流涨落过程样本总体(系综)，记为 $\{u(r,t),r \in \mathbf{R}^3, t \in T\}$．固定坐标 r 和时间 t，则各种可能 α 的样本形成一个普通的随机变量总体．

3.1.1 随机过程与平稳随机过程

第二章提到，系综平均是指对在同一地点、同一时间、同样大气条件下的 N 个观测资料序列的平均值求和．从数学角度看，取固定点 r，则 $u(r,t;\alpha)$ 可表示为 $u(t;\alpha)$，仅为时间的随机函数．通常意义下，$u(t;\alpha)$ 是连续随机过程．对于所有的现实，存在下面的概率分布函数和概率密度函数：

$$F(u_i,t) = P(\xi(t) < u_i), \qquad (3.1.1)$$

$$f(u_i,t) = \frac{\partial}{\partial \overline{u_i}} F(u_i,t). \qquad (3.1.2)$$

各时刻的平均值(系综平均)：

$$\overline{u_i(t)} = \int_{-\infty}^{\infty} u_i(t) f(u_i,t) \, \mathrm{d}u_i; \qquad (3.1.3)$$

各时刻系综平均意义的二阶矩：

$$\overline{u_i^2(t)} = \int_{-\infty}^{\infty} u_i^2(t) f(u_i,t) \, \mathrm{d}u_i. \qquad (3.1.4)$$

假设 u_i 是相对于平均值的偏差，则(3.1.4)式为系综平均意义下的方差．

平稳随机过程，是指平均值和方差不随时间变化，而相关函数只依赖于时

间差的过程. 平稳随机过程是概率分布函数、概率密度函数或任何阶矩都不依赖于时间本身的随机过程. 为区别于严格平稳随机过程, 有人也称其为广义平稳随机过程.

3.1.2　大气湍流的平稳性和均匀性

大气湍流运动的平稳性在数学上表现为各种统计量均不随时间或空间变化, 往往与大气湍流运动的各态历经性相联系. 湍流的平稳随机过程中, 如果空间相关函数仅仅决定于两点的间距, 与两点本身的空间位置无关, 则该随机过程称为空间平稳(随机)过程. 空间平稳湍流即为均匀湍流, 即所有湍流统计量仅与时间有关, 与空间无关. 若湍流统计量不随时间变化, 则称之为平稳湍流或定常湍流.

对于平稳湍流, 一次足够长的时间平均即接近于总体平均; 对于均匀湍流, 一个足够大的空间平均也接近于总体平均. 平稳湍流和均匀湍流的时间平均和空间平均是等同的. 但是, 事实上各统计量在不同位置的数值不一样, 即使在水平均匀的下垫面, 因重力和浮力的影响, 其数值随高度会有很大变化. 天气过程及日变化也会使平稳性减弱. 因此, 大气湍流是不满足平稳和均匀条件的. 不失一般性, 为了简化, 若研究的时段不超过 1 小时, 一般可以认为是近似平稳的; 在地形平坦、水热状况均匀的下垫表面, 水平方向可以认为是均匀的.

3.1.3　大气湍流的各态历经性

平稳随机过程具有各态历经性, 即对随机过程的一个现实进行充分长的时间平均, 其结果接近于系综平均:

时间平均:

$$\bar{\xi}_T = \frac{1}{T}\int_0^T \xi(t+\tau)\mathrm{d}\tau;\tag{3.1.5}$$

各态历经性:

$$\bar{\xi}_T = \frac{1}{T}\int_0^T \xi(t+\tau)\mathrm{d}\tau = \bar{\xi}\quad(T\to\infty).\tag{3.1.6}$$

可见, 各态历经性意味着在足够长的时段内, 随机过程的变量以系综固有的概率分布律出现; 在足够长的时段内, 随机过程的变量以系综固有的概率分布律出现, 大气运动是各态历经的. 这意味着, 对于某一气象要素的一个时间样本, 在一段时间内的运动经历了同一时刻不同样本所经历的各种状态, 这个样本的时间平均与总体平均相同.

3.1.4 大气湍流的各向同性

如果湍流统计量不随坐标轴的旋转而变化，则称之为各向同性湍流. 满足各向同性条件时，湍流统计量的性质与空间方向无关，其在空间坐标系的任意旋转与反射下都保持不变. 对于某一气象要素，其样本在一个给定方向上的空间平均可以代表有 N 个样本的总体平均，且自相关函数仅仅与两点间的距离有关，与两点的相对位置无关.

假设水平纵向风速 u 沿主导风向方向，v 是水平横向风速，w 是垂直风速，则风速动量通量可表示为

$$\boldsymbol{F}_{ij} = \begin{bmatrix} \overline{u_1'u_2'} & \overline{u_1'v_2'} & \overline{u_1'w_2'} \\ \overline{v_1'u_2'} & \overline{v_1'v_2'} & \overline{v_1'w_2'} \\ \overline{w_1'u_2'} & \overline{w_1'v_2'} & \overline{w_1'w_2'} \end{bmatrix}. \tag{3.1.7}$$

当大气湍流满足均匀各向同性时，（3.1.7）式右端的对角线元素相等，非对角线元素为零，即

坐标绕 x 轴旋转 $180°$，有 $\overline{u_1'v_2'} = \overline{u_1'(-v_2')} = -\overline{u_1'v_2'} = 0$；

坐标绕 x 轴旋转 $90°$，有 $\overline{v_1'v_2'} = \overline{w_1'w_2'}$.

这时，（3.1.7）式右端只保留了纵向相关项和横向相关项.

在雷诺数足够大的湍流场中，比基本湍流尺度小得多的湍涡具有平稳、均匀和各向同性性质. 如果对只反映小尺度湍涡涨落性质的物理量进行考察，那么空间某些确定点上的湍流涨落量的概率分布和不同物理量之间的联合概率分布（或它们的矩）不随时间变化，并且当坐标系平移、任意旋转或反射时，它们均保持不变. 大气湍流总体上是各向异性的，但考虑到大气流动和湍流的雷诺数非常大，小尺度涡旋区可以认为是各向同性的，这时称为局地各向同性湍流. 湍流的局地各向同性是在尺度意义上，而非空间意义上的.

3.2 泰勒"冰冻"假设

大气湍流是随时间和空间不断变化的，其湍流结构测量应能够反映较大范围空间内的同步性和连续性. 但是，在较大空间尺度上，实现多点、长时间测量在技术上难度很大. 大气湍流信息的获取易在空间单点上进行长时间的测量. 例如，在气象铁塔上进行大气湍流参量测量，能提供空气流经湍流传感器的时间序列资料. 然而，大气湍流运动是"三维空间＋时间"的问题，为了解决能够使用时间序列资料研究大气湍流的空间结构问题，泰勒提出湍流的"冰冻"假设：在满足某些条件时，当大气湍流涡旋流经测量传感器时，可以认为

湍流涡旋被冻结. 这意味着, 在空间上某一固定点对大气湍流的观测结果在统计意义上等同于同时段沿平均风方向空间各点的观测. 泰勒提出的湍流"冰冻"假设也称为"定型湍流"假设. 泰勒"冰冻"假设的目的是以单测量点的时间观测, 推测湍流场的空间特性, 即时间信息换空间信息. 或者说, 湍涡在空间中固定点随时间的变化和给定时间的空间变化是相同的. 应注意泰勒"冰冻"假设的使用条件: 湍涡发展的时间尺度大于其被平流携带经过测量传感器所需的时间. 实际应用中, 当湍流流动形式变化较慢时, 时间序列和空间序列可以转换.

作为示意, 图 3.2.1 给出了泰勒"冰冻"假设过程. 具有线速度 ω 的湍流涡旋处于平均风速 $\bar{u}$ 的环境中. 当湍涡绕半径 r 的圆一周所需要的时间为 $T_{\mathrm{L}} = \dfrac{2\pi r}{\omega}$ 时, 该湍涡随水平风搬运经过传感器的时间为 $T_{\mathrm{E}} = \dfrac{2r}{u}$. 由此, 可将时间序列的湍流资料转化为相应的空间测量资料.

泰勒"冰冻"假设建立了固定点湍流的时间变化与空间场之间的关系, 湍流场在通过该固定点时被"冻结". 另外, 图 3.2.1 也显示了时间场与空间场之间的关系实际是拉格朗日时间尺度与欧拉尺度的关系.

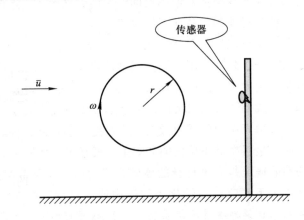

图 3.2.1 泰勒"冰冻"假设示意图

数学上, 对于任意变量 ξ, 泰勒"冰冻"假设成立时, 有 $\dfrac{\mathrm{d}\xi}{\mathrm{d}t} = 0$, 湍流是被"冰冻"的. 泰勒"冰冻"假设的一般表达形式为

$$\frac{\partial \xi}{\partial t} = -u\frac{\partial \xi}{\partial x} - v\frac{\partial \xi}{\partial y} - w\frac{\partial \xi}{\partial z}, \qquad (3.2.1)$$

其中 u, v 和 w 分别为 x, y 和 z 方向的风速分量.

实际应用中, 隐含着满足平稳湍流和均匀湍流条件的泰勒"冰冻"假设一直没有得到严格的证明，且风速不宜过小，湍流度不宜过大. 但是，根据实际观测资料的验证，泰勒"冰冻"假设可以适用于大气湍流和大气边界层研究.

3.3　科尔莫戈罗夫的局地均匀各向同性湍流理论与湍流动能的串级输送

对于均匀湍流和各向同性湍流，假设水平纵向风速 u 沿主导风向方向，v 是水平横向风速，w 是垂直风速，直观上满足各向同性湍流的条件是：

（1）不同方向的湍流动能相等，即 $\overline{u'^2} = \overline{v'^2} = \overline{w'^2}$；

（2）不同二阶互相关项为零，如 $\overline{u'w'} = 0$，$\overline{w'\theta'} = 0$，$\overline{w'q'} = 0$.

实际中，大气湍流的观测事实显示：$\overline{u'^2} \geqslant \overline{v'^2} \geqslant \overline{w'^2}$，而二阶相关项 $\overline{u'w'}$，$\overline{w'\theta'}$ 和 $\overline{w'q'}$ 等并不为零，不满足各向同性的条件，呈现各向异性特征. 其原因是以湍流运动为主要运动形态的低层大气受到地面（下边界）、大气边界层顶（上边界）的限制，以及大气边界层中流场切变和浮力直接对大尺度湍涡产生影响. 湍涡尺度越小，这种影响越弱，直至失去影响. 因此，尽管大气湍流不满足普遍的均匀和各向同性条件，但小尺度湍涡的大气运动仍近似符合均匀和各向同性条件，故称作局地均匀各向同性湍流.

湍流能量来源于平均流场的雷诺应力做功以及大气边界层中的浮力做功；而唯一的能汇是由于分子黏性作用将湍流能量转化为分子运动的动能，称为湍流能量耗散. 科尔莫戈罗夫（Колмогоров）认为，湍流是由相差很大的、各种不同尺度的湍涡所组成的. 最大尺度的湍涡区的能量直接来自于平均流场的雷诺应力做功以及大气边界层中的浮力做功. 大尺度湍涡从外界获取的能量逐级传递给次级的湍涡，最后在最小尺度的湍涡上被耗散掉. 实际上，大尺度湍涡往小尺度湍涡的动能输送是通过自身的破碎来实现的，而所谓湍流动能耗散，即指在分子黏性作用下湍流动能转化为气体内能的过程. 在串级传输的过程中，小尺度的湍涡达到某种统计平衡状态，并且不再依赖于产生湍流的外部条件，从而形成所谓的局地均匀各向同性湍流. 图 3.3.1 给出了湍流能量串级输送的示意图，图中的圆圈大小代表了湍涡的大小，水平方向的箭头表示湍流涡旋之间湍能输送的方向，向下的箭头表示湍能的耗散.

科尔莫戈罗夫于 1941 年提出满足局地均匀各向同性的两个相似性假设：

科尔莫戈罗夫第一假设：当雷诺数足够大时，存在一个高波数区（高频率区），小尺度湍流只受到惯性力和黏性力的作用，在够小的空间邻域内，两点速度差的统计特征除空间距离外只与湍流耗散率 ε 和分子黏性系数 ν 两个参数有关. 该尺度区域称为平衡区（耗散区）. 也就是说，平衡区内的传输率和耗

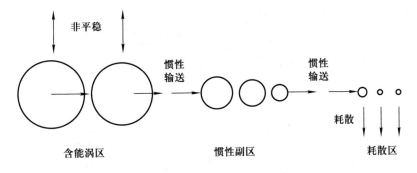

图 3.3.1 湍流能量的串级输送(引自盛裴轩等,2013)

散率相等,有黏性;湍流特征仅由湍能耗散率 ε 和分子黏性系数 ν 决定. 根据量纲分析,其特征长度 η,特征速度 u_η 和特征时间 τ_η 可分别表示为

$$\eta = \left(\frac{\nu^3}{\varepsilon}\right)^{1/4}, \tag{3.3.1}$$

$$u_\eta = (\nu\varepsilon)^{1/4}, \tag{3.3.2}$$

$$\tau_\eta = \frac{\eta}{u_\eta} = \left(\frac{\nu}{\varepsilon}\right)^{1/2}, \tag{3.3.3}$$

其中特征长度 η 也称为科尔莫戈罗夫微尺度,约为 mm 尺度,$\nu \sim 1.5 \times 10^{-5}$ $\mathrm{m^2 \cdot s^{-1}}$.

设湍流运动的最大涡旋特征尺度为 L_0,科尔莫戈罗夫第一假设成立的条件是:$L_0 \gg \eta$,满足局地均匀各向同性.

科尔莫戈罗夫第二假设:当雷诺数非常大时,小尺度湍流涡旋区有一特定尺度范围存在的区域,尺度 l 满足 $L_0 \gg l \gg \eta$;该区域内,在足够小的空间邻域内,两点速度差的统计特征与分子黏性系数 ν 无关,只决定于湍流耗散率 ε,区内传输率等于耗散率,无黏性. 该尺度区域称为惯性副区. 根据量纲分析,惯性副区的湍流能量一维空间频谱 $E(k)$ 可由湍流耗散率 ε 和波数 k 表示,为

$$E(k) = a\varepsilon^{2/3}k^{-5/3}, \tag{3.3.4}$$

其中系数 a 由实验确定.

引入欧拉系统定点测量观测到的湍流涡旋的频率 n,根据泰勒"冰冻"假设 $k = 2\pi n/\bar{u}$,惯性副区的一维时间频谱可表示为

$$S(n) = a\varepsilon^{2/3}n^{-5/3}. \tag{3.3.5}$$

根据湍流运动性质和能量输送关系,将湍流能谱分为三个子区:含能涡区、惯性副区和耗散区(图 3.3.2).

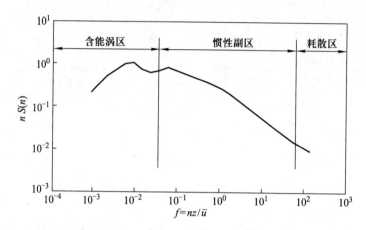

图 3.3.2　湍流能谱的子区分布图(引自盛裴轩等，2013)

（1）含能涡区：空间尺度和湍涡尺度较大，属各向异性，通常非平稳、非均匀、非定常. 大气运动的平均场通过雷诺应力和浮力做功向这个子区传输能量. 也就是说，含能涡区从平均场获取湍流能量，并向小尺度湍流涡旋区域传送，不考虑湍流黏性耗散. 含能涡区的气象要素随时间的变化有较强的涨落，并且各种气象要素的涨落量之间具有较强的相关性. 含能涡区是湍流动能机械和热力作用的主要频谱区间，能谱可以达到最大值.

（2）惯性副区：湍涡尺度小于含能涡区，属于符合局地均匀和各向同性的小尺度湍流中尺度稍小的子区. 惯性副区中的湍涡将从含能涡区传送过来的能量，通过逐级传输方式，从较大尺度湍涡传输到较小尺度湍涡. 惯性副区内，各种尺度湍涡的湍能耗散可以忽略不计. 惯性副区内没有显著的湍流能量产生或耗散，湍流能量只是通过惯性力从低波数(较大尺度湍涡)向高波数(较小尺度湍涡)输送，并在压力脉动的作用下在空间均匀分布.

（3）耗散区：湍涡尺度最小的子区，湍能耗散随湍涡尺度的减小而增加，较大尺度湍涡传送过来的部分能量能传送到较小尺度涡旋. 最终，最小尺度的湍涡将上一级尺度湍涡传来的湍能完全耗散. 也就是说，湍流能量从惯性副区进入耗散区后，被黏性所消耗.

3.4　湍流混合长理论

在分子运动论中，分子黏性切应力 τ' 表示为

$$\frac{\tau'}{\rho} = \nu \frac{\mathrm{d}u}{\mathrm{d}z},\qquad(3.4.1)$$

其中分子黏性系数 $\nu \approx \bar{v}l$，$\bar{v}$ 为分子运动的均方速度，l 为分子运动的平均自由程.

假设湍流引起的动量交换与分子黏性引起的动量交换具有相似的形式，对湍流运动的动能，有

$$\frac{\tau}{\rho} = K_m \frac{\partial \bar{u}}{\partial z}, \tag{3.4.2}$$

其中 $\tau = -\rho \overline{u'w'}$ 为雷诺应力，K_m 为湍流黏性系数，也称为湍流动量交换系数或涡动扩散系数.（3.4.2）式可改写为

$$- \overline{u'w'} = K_m \frac{\partial \bar{u}}{\partial z}. \tag{3.4.3}$$

若湍流黏性系数 K_m 不随高度变化而变化，对（3.4.3）式做高度的微分，有

$$- \frac{\partial (\overline{u'w'})}{\partial z} = K_m \frac{\partial^2 \bar{u}}{\partial z^2}. \tag{3.4.4}$$

针对湍流输送，普朗特（Prandtl）和卡曼（von Karman）发展了半经验的混合长理论.

通常以 l_m 表示混合长. 混合长理论认为，l_m 是一个距离参量，在此距离内的湍涡保持其原有特征，超过此距离，湍涡完全和周围环境混合；或者 l_m 代表湍涡的长度尺度，此时湍流交换系数可表示为

$$K_m \propto V l_m, \tag{3.4.5}$$

其中 V 为典型的湍流脉动速度尺度. 如果确定了典型的湍流脉动速度尺度 V 和混合长 l_m，以及（3.4.5）式中的比例系数，则 K_m 已知.

对于热量，可同样假设

$$- \overline{w'\theta'} = K_h \frac{\partial \bar{\theta}}{\partial z}, \tag{3.4.6}$$

其中 K_h 为湍流热量交换系数或湍流热扩散系数. 同样，假设 K_h 不随高度变化，有

$$- \frac{\partial (\overline{w'\theta'})}{\partial z} = K_h \frac{\partial^2 \bar{\theta}}{\partial z^2}. \tag{3.4.7}$$

当 K_m 和 K_h 确定后，湍流二阶相关量 $\overline{u'w'}$ 和 $\overline{w'\theta'}$ 以及 $\overline{u'v'}$ 和 $\overline{w'v'}$ 等都可用气象要素 $\bar{u}$、$\bar{v}$ 和 $\bar{\theta}$ 的空间导数与湍流扩散系数的乘积表示，从而减少了湍流运动方程组中未知变量的数目，完成了湍流运动方程组的闭合.

3.5 大气湍流的稳定性判据

湍流动能守恒方程（2.5.3）中的浮力项 $\frac{g}{\theta_v}\overline{w'\theta'_v}$ 和雷诺应力项 $-\overline{u'w'}\frac{\partial \bar{u}}{\partial z}$ 分

别反映了热力和动力对湍流能量的贡献. 近地面层内, 雷诺应力项 $-\overline{u'w'}\dfrac{\partial \overline{u}}{\partial z}$ 始终保持正值, 而浮力项 $\dfrac{g}{\theta_v}\overline{w'\theta_v'}$ 可正可负. 在陆地白天, $\overline{w'\theta_v'}$ 为正值, 对湍流能量是正贡献; 夜间的逆温条件下, $\overline{w'\theta_v'}$ 为负值, 对湍流能量是负贡献, 消耗湍流能量. 浮力项和雷诺应力项的数值大小和比例关系反映了湍流运动强弱. 由此引出湍流稳定度的判据. 定义浮力项和雷诺应力项的比值为通量理查孙数 R_f, 即

$$R_f = -\frac{\text{浮力项}}{\text{切应力项}} = \frac{\dfrac{g}{\theta_v}\overline{w'\theta_v'}}{\overline{u'w'}\dfrac{\partial \overline{u}}{\partial z}}. \tag{3.5.1}$$

当考虑横向剪切力作用时, 有

$$R_f = \frac{\dfrac{g}{\theta_v}\overline{w'\theta_v'}}{\overline{u'w'}\dfrac{\partial \overline{u}}{\partial z} + \overline{v'w'}\dfrac{\partial \overline{v}}{\partial z}}. \tag{3.5.2}$$

通量理查孙数 R_f 是一个无量纲量. 当 $R_f < 0$ 时, 表示浮力做功补充湍流动能, 湍流能量呈增强趋势, 大气为不稳定层结状态; 当 $R_f = 0$ 时, 浮力做功对湍流能量没有贡献, 大气呈中性层结; 当 $R_f > 0$ 时, 湍流能量被浮力做功消耗, 有减弱趋势, 大气为稳定层结状态. 也就是说, 有

$$R_f \begin{cases} > 0, & \text{稳定层结}, \\ = 0, & \text{中性层结}, \\ < 0, & \text{不稳定层结}. \end{cases}$$

通量理查孙数 R_f 的计算需要湍流通量的结果, 这在一定程度上不太方便. 为此, 引入湍流扩散系数的概念. 利用(3.4.3)式和(3.4.6)式, 由通量表示的通量理查孙数 R_f 可以转化为由气象要素平均量梯度表示的梯度理查孙数 R_i, 即

$$R_i = \frac{K_h}{K_m} \frac{\dfrac{g}{\theta}\dfrac{\partial \overline{\theta}}{\partial z}}{\left(\dfrac{\partial \overline{u}}{\partial z}\right)^2 + \left(\dfrac{\partial \overline{v}}{\partial z}\right)^2}. \tag{3.5.3}$$

梯度理查孙数 R_i 也是一个无量纲量, 同样当 $R_i < 0$ 时, 大气为不稳定层结状态; 当 $R_i = 0$ 时, 大气呈中性层结; 当 $R_i > 0$ 时, 大气为稳定层结状态. 也就是说, 有

$$R_i \begin{cases} > 0, & \text{稳定层结}, \\ = 0, & \text{中性层结}, \\ < 0, & \text{不稳定层结}. \end{cases}$$

采用梯度理查孙数 R_i 对大气进行层结判断时, 只需两个高度的位温梯度和风速梯度, 不需要湍流脉动测量仪器. 通量理查孙数 R_f 和梯度理查孙数 R_i 的关系如下:

$$R_f = \frac{K_h}{K_m} R_i. \tag{3.5.4}$$

尽管通量理查孙数 R_f 和梯度理查孙数 R_i 都可以表征大气层结状态, 反映的是相同的物理量, 但因为气象要素的平均值和梯度的获取比计算湍流通量方便, 所以 R_i 比 R_f 更常用. 采用 R_i 和 R_f 作为大气层结判据的不足之处在于 R_i 和 R_f 都随高度的变化而变化.

若不考虑湍流动能守恒方程(2.5.3)中的湍能垂直搬运项、压力脉动项和耗散项, 当 $R_f > 1$ 或 $R_i > 1$ 时, 湍流将被彻底抑制, 或者称之为湍流截止. 在实际大气中, 耗散项作用一直存在, 不可忽略, 湍流抑制时的通量理查孙数 R_f 或梯度理查孙数 R_i 的临界值小于 1. 考虑湍流耗散, 理查孙数的临界值为 0.25. 以梯度理查孙数 R_i 为例, 当 $R_i < 0.25$ 时, 大气由层流变为湍流, 呈湍流运动; 当 $R_i > 1$ 时, 大气由湍流变为层流, 呈层流运动; 当 $0.25 < R_i < 1$ 时, 大气运动可能是湍流, 也可能是层流, 要看大气运动的"历史", 与大气原先的运动形态一致, 即大气运动开始时是层流则是层流, 开始时是湍流则是湍流.

在实际应用中, 多用差分形式代替(3.5.3)式梯度理查孙数 R_i 中的微分, 由此引出整体理查孙数 R_B:

$$R_B = \frac{\dfrac{g}{\bar{\theta}} \dfrac{\Delta \bar{\theta}}{\Delta z}}{\left(\dfrac{\Delta \bar{u}}{\Delta z} \right)^2}. \tag{3.5.5}$$

如果取两层风速和两层温度的高度差相等, 风速的下层为地面, 则(3.5.5)式简化为

$$R_B = \frac{g}{\bar{\theta}} z \frac{\Delta \bar{\theta}}{\bar{u}^2}. \tag{3.5.6}$$

理论上, 气象台站有近地面的风速、温度和地表温度测量值, 可以利用(3.5.6)式或(3.5.5)式计算得到大气层结状态, 但在实际应用中具有很大难度.

由(3.5.3)式, R_i 表达式中的 $\dfrac{g}{\bar{\theta}} \dfrac{\partial \bar{\theta}}{\partial z}$ 也可以作为稳定度判据, 是静力稳定

度判据, 有

$$\frac{\partial \bar{\theta}}{\partial z} \begin{cases} > 0, & \text{静力稳定层结,} \\ = 0, & \text{静力中性层结,} \\ < 0, & \text{静力不稳定层结.} \end{cases}$$

但 R_f 有一定差别. 因为, 静力稳定度是对浮力对流的一种量度, 是对静止大气而言的, 该类稳定度参数与风速无关. 实际上, 不断运动的大气湍流运动, 其状态的维持包括热力和动力两方面作用, 静力稳定度是判断大气湍流状态的一个必要条件, 但不充分. 例如, 陆地白天典型的大气边界层中有 $\frac{\partial \bar{\theta}}{\partial z} \approx 0$, 属静力稳定度的中性层结状态; 而按照运动学的概念却是不稳定层结状态. 另外, 虽然近地面的气层温度梯度通常很大, 但风速梯度也很大时, R_i 或 R_f 的数值较小, 大气湍流状态接近中性层结情形.

除了理查孙数外, 凡是与其有单值对应关系的其他参数或可以普遍判定大气湍流状态的指标集合, 都可以作为大气稳定度的判据. 奥布霍夫(Obukhov)长度 L 就是大气湍流领域最常用的大气稳定度参数之一. 奥布霍夫长度 L 的定义如下:

$$L = -\frac{u_*^3}{\kappa \frac{g}{\bar{\theta}} \overline{w'\theta'}}. \qquad (3.5.7)$$

参照通量理查孙数 R_f 的描述, 奥布霍夫长度 L 实际是湍流动能守恒方程中动力项与浮力项的比值, 有

$$L \begin{cases} > 0, & \text{稳定层结,} \\ = \infty, & \text{中性层结,} \\ < 0, & \text{不稳定层结.} \end{cases}$$

用高度 z 对奥布霍夫长度 L 做归一化, 有

$$\frac{z}{L} = -\frac{\kappa z \frac{g}{\bar{\theta}} \overline{w'\theta'}}{u_*^3}. \qquad (3.5.8)$$

可见, 当 $\frac{z}{L} \gg 1$ 时, 浮力占优势; 当 $\frac{z}{L} = 1$ 时, 浮力做功与雷诺应力做功相等; 当 $\frac{z}{L} = \pm 0$ 时, 大气呈中性层结; 当 $\frac{z}{L} \ll 1$ 时, 一般称大气为近中性层结.

不同大气稳定度判据反映了相同的物理意义和物理过程, 不同稳定度判据之间应该是可以互相转换的. 图 3.5.1 给出了梯度理查孙数 R_i 和 $\zeta = \frac{z}{L}$ 关系

的实验观测结果. $\zeta = \dfrac{z}{L}$ 与 R_i 之间的转换因层结情况而异(Arya, 2001):

当 $R_i < 0$ 时, $\zeta = R_i$;

当 $0 \leqslant R_i \leqslant 0.25 = R_{ie}$($R_{ie}$ 为临界理查孙数)时, $\zeta = \dfrac{R_i}{1 - 5R_i}$.

表 3.5.1 给出了不同稳定度参数的取值范围对照一览表.

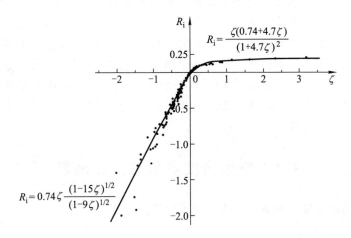

图 3.5.1 梯度理查孙数 R_i 和 $\zeta = \dfrac{z}{L}$ 的关系图(引自 Businger *et al.*, 1971)

表 3.5.1 不同稳定参数范围对照一览表(引自 Foken, 2008)

大气层结	温度	R_i	L	$\zeta = \dfrac{z}{L}$
不稳定层结	$T(0) > T(z)$	< 0	< 0	< 0
中性层结	$T(0) \sim T(z)$	~ 0	$\pm \infty$	~ 0
稳定层结	$T(0) < T(z)$	$0 \leqslant R_i \leqslant 0.25 = R_{ie}$	> 0	$0 < \zeta \sim 1$

　　前面在讨论大气湍流形成时提及了自由对流和强迫对流. 自由对流一般是浮力对流作用(热气泡)为主,陆地上的天气现象多是小风、晴天;强迫对流是机械作用占优,多为大风和阴天. 大气稳定度实际也反映了自由对流和强迫对流的比例.

第四章 大气湍流统计描述

大气湍流表现为大气流动速度和其他气象要素随时间和空间位置的涨落. 将随机过程的数学理论应用于大气湍流运动的描述,称为湍流统计理论.

按照概率统计的理论和方法,要完全描述大气湍流运动,必须确定该大气湍流场中任意多个时空位置、任意 n 个随机变量的联合概率分布. 这些联合概率分布,唯一决定于由这 n 个随机变量组成的,所有各阶相关函数的完整集合. 也就是说,采用概率统计的理论和方法描述大气湍流运动,应有足够的样本数和足够的代表性.

4.1 概率密度函数与特征函数

对于随机变量 A 和 B,其统计描述包括:

均值:$\overline{A} = \dfrac{1}{n} \sum\limits_{i=1}^{n} A_i$.

方差:$\overline{A^2} = \dfrac{1}{n-1} \sum\limits_{i=1}^{n} (A_i - \overline{A})^2 = \sigma_A^2$.

标准差:$\sigma_A = \sqrt{\overline{A^2}}$.

广义相关:不同随机变量在不同时间点或空间点上的相关. 对于随机变量 A 和 B,在 α 和 β 处,有 $\overline{A_\alpha B_\beta}$.

狭义相关:不同随机变量在相同时间点或空间点的相关,也称为互相关(通量),即 $\overline{A_\alpha B_\alpha} = \overline{AB}$. 相同随机变量在不同时间点或空间点的相关,也称为自相关(相关函数),即 $\overline{A_\alpha A_\beta}$.

广义相关函数:$f_{AB} = \overline{A_\alpha B_\beta}$.

广义相关系数:$R_{AB} = \dfrac{\overline{A_\alpha B_\beta}}{\sqrt{\overline{A_\alpha^2} \, \overline{B_\beta^2}}}$.

为了考察大气湍流涨落性质随时间的变化,通常需要建立不同时刻随机变量的概率分布函数 F,概率密度函数 f 及相应的矩. 对一维过程,有

$$F(u_1, t_1; u_2, t_2) = P(\xi(t_1) < u_1, \xi(t_2) < u_2),$$

$$f(u_1, t_1; u_2, t_2) = \frac{\partial^2 F(u_1, t_1; u_2, t_2)}{\partial u_1 \partial u_2}.$$

除平均值外，各阶矩中以两个时刻的自相关函数最为常用：

$$B(t_1, t_2) = \overline{u'(t_1)u'(t_2)}$$

$$= \int_{-\infty}^{\infty} \int_{-\infty}^{\infty} [u_1 - a(t_1)][u_2 - a(t_2)]f_2(u_1, t_1; u_2, t_2)\mathrm{d}u_1\mathrm{d}u_2,$$

其中

$$a(t_1) = \overline{u(t_1)}, \quad a(t_2) = \overline{u(t_2)},$$

$$u'(t_1) = u(t_1) - a(t_1), \quad u'(t_2) = u(t_2) - a(t_2).$$

一般地，大气湍流的自相关函数具有如下性质：

- $B(t_1, t_2) = B(t_2, t_1)$;
- $B(t, t) = \sigma^2$;
- 当 $t_2 - t_1 \to \infty$ 时，$B(t_1, t_2) = B(t_2, t_1) \to 0$.

相关系数可表示为

$$R(t_1, t_2) = B(t_1, t_2)/(\sigma(t_1)\sigma(t_2)).$$

多维随机变量和多维随机过程相对复杂，这里以二维随机变量为例进行说明. 二维随机变量的(联合)分布函数可表示为

$$F(x_1, x_2) = P(\xi_1 < x_1, \xi_2 < x_2),$$

并具有如下性质：

- $F(\infty, \infty) = 1$;
- $F(x_1, -\infty) = F(-\infty, x_2) = 0$;
- $F(x_1, \infty) = P(\xi_1 < x_1, \xi_2 < \infty) = P(\xi_1 < x_1) = F(x_1)$;
- $F(\infty, x_2) = F(x_2)$.

二维随机变量的(联合)概率密度函数为

$$f(x_1, x_2) = \frac{\partial^2 F(x_1, x_2)}{\partial x_1 \partial x_2} \geqslant 0,$$

并有

$$F(x_1, x_2) = \int_{-\infty}^{x_1} \int_{-\infty}^{x_2} f(x_1', x_2')\mathrm{d}x_1'\,\mathrm{d}x_2',$$

$$\int_{-\infty}^{\infty} \int_{-\infty}^{\infty} f(x_1, x_2)\mathrm{d}x_1\mathrm{d}x_2 = 1,$$

$$f_1(x_1) = \int_{-\infty}^{\infty} f(x_1, x_2)\mathrm{d}x_2,$$

$$f_2(x_2) = \int_{-\infty}^{\infty} f(x_1, x_2)\mathrm{d}x_1.$$

以上数学表述和物理意义可在形式上推广到随机过程的讨论.

不失一般性，假设 $u'(t_1)$ 和 $v'(t_2)$ 分别表示两个大气参量的湍流涨落量，

其交叉相关函数与相关系数分别为

$$B_{12}(t_1, t_2) = \overline{u'(t_1) v'(t_2)},$$

$$R_{12}(t_1, t_2) = B_{12}(t_1, t_2) / (\sigma_u(t_1) \sigma_v(t_2)),$$

其中 $|R_{12}(t_1, t_2)| \leq 1$. 同时，交叉相关函数 $B_{12}(t_1, t_2)$ 具有如下性质：

- 交叉相关函数 $B_{12}(t_1, t_2)$ 对于 t_1 和 t_2 是非对称的，有 $B_{12}(t_1, t_2) \neq B_{12}(t_2, t_1)$，但 $B_{12}(t_1, t_2) = B_{21}(t_2, t_1)$，$B_{12}(t, t) = B_{21}(t, t)$；
- 当 $t_2 - t_1 \rightarrow \infty$ 时，$B_{12}(t_1, t_2) = B_{21}(t_2, t_1) \rightarrow 0$；
- 如果两个随机过程独立，则 $B_{12}(t_1, t_2) = 0$；
- $|B_{12}(t_1, t_2)| \leq \sigma_u(t_1) \sigma_v(t_2)$.

4.2   湍流尺度（积分尺度和微尺度）

以风速为例，假设位置 x 处、时间 t 时刻的风速为 u，则有

欧拉空间相关系数：$R_E(x) = \dfrac{\overline{u'(x_1) u'(x_1 + x)}}{\overline{u'^2}}$；

欧拉时间相关系数：$R_E(\tau) = \dfrac{\overline{u'(t_1) u'(t_1 + \tau)}}{\overline{u'^2}}$；

拉格朗日相关系数：$R_L(\xi) = \dfrac{\overline{u'(t_1) u'(t_1 + \xi)}}{\overline{u'^2}}$.

相关系数或相关函数反映了湍流场的尺度. 当大气湍流场中湍涡以大尺度湍涡为主，小湍涡较少时，相距 r 的 P，Q 两点经常处于同一湍涡之中，其相关系数数值较高；反之，当大气湍流场中湍涡以小尺度湍涡为主，大湍涡较少时，相距 r 的 P，Q 两点经常处于不同的湍涡之中，相关系数数值较低. 也就是说，相关系数在一定程度上反映了湍涡尺度的大小.

泰勒引入相关系数的积分来表征湍流场的整体特征长度和整体特征时间. 这个对湍流相关系数的积分被定义为湍流的积分尺度，可以用时间或者空间来量度. 湍流积分尺度可以表征各种湍流涡旋最经常出现、起主导作用的湍涡的大小，其表达式为

$$\Lambda = \int_0^\infty R_E(r) \, dr \qquad\qquad (4.2.1)$$

或

$$\Im = \int_0^\infty R_E(t) \, dt, \qquad\qquad (4.2.2)$$

其中 Λ 和 $\Im$ 分别称作大气湍流的积分长度尺度和积分时间尺度，分别表征湍流场的整体特征长度和整体特征时间. 根据泰勒"冰冻"假设，有 $R_E(r) =$

$R_E(\overline{u}t)$. 因此，积分长度尺度和积分时间尺度之间存在关系

$$\Lambda = \overline{u}\,\Im.\tag{4.2.3}$$

对前文提到的不同相关系数做积分，有

反映湍涡平均空间尺度的欧拉积分长度尺度：$\Lambda_{\mathrm{EL}} = \displaystyle\int_0^\infty R_E(x)\,\mathrm{d}x$ ；

反映湍涡平均时间尺度的欧拉积分时间尺度：$\Im_{\mathrm{ET}} = \displaystyle\int_0^\infty R_E(\tau)\,\mathrm{d}\tau$ ；

反映湍涡平均时间尺度的拉格朗日积分时间尺度：$T_{\mathrm{L}} = \displaystyle\int_0^\infty R_{\mathrm{L}}(\xi)\,\mathrm{d}\xi$.

　　湍流积分尺度是与大气参量脉动有关的涡旋的平均尺度，在宏观上体现了湍流场的基本特征. 湍流积分尺度的大小取决于湍流产生和维持的外部因素. 例如，对实验室中的湍流，其积分尺度取决于产生湍流的网栅形式和所在位置；对实际大气中的湍流，其积分尺度则取决于距离地面的高度、地表粗糙度、大气层结等因素. 以风速为例，当空间两点间距离小于湍流积分尺度时，这两点经常处于同一个涡旋内，两点的速度涨落相关，湍流涡旋的作用增强；反之，当空间两点间距离大于湍流积分尺度时，这两点经常处于不同的湍流涡旋，两点的速度涨落不相关，湍流涡旋作用减弱. 一般地，湍流积分尺度的数值随距离地面的高度增加而变大，随地表粗糙度的增加而减小. 湍流积分尺度较大，对应的湍流扩散能力往往较强.

　　对欧拉积分长度尺度在 $x=0$ 附近展开，并取到第 2 项，有

$$R_E(x) = R_E(0) + \frac{1}{2!}\left(\frac{\partial^2 R_E(x)}{\partial x^2}\bigg|_{x=0}\right)x^2.$$

　　定义湍流的微分空间尺度为

$$\lambda_E^2 = -\frac{2}{\dfrac{\partial^2 R_E(x)}{\partial x^2}\bigg|_{x=0}},$$

其中 $\lambda_E = \overline{u}\tau_E$，$\tau_E^2 = -\dfrac{2}{\dfrac{\partial^2 R_E(\tau)}{\partial \tau^2}\bigg|_{\tau=0}}$ 为微分时间尺度.

4.3　时间序列的湍流能谱

　　利用傅里叶变换，可以将时间序列的气象要素信号 $f(t)$ 表征的湍流能量表示为频率序列的表达形式. 由此，某一气象要素 α 的时间相关函数表示为

$$f_\alpha(t) = 2\int_0^\infty S_\alpha(n)\cos 2\pi nt\,\mathrm{d}n,\tag{4.3.1}$$

其逆变换为

$$S_\alpha(n) = 2\int_0^\infty f_\alpha(t)\cos2\pi nt\, \mathrm{d}t, \tag{4.3.2}$$

其中 n 是自然频率, $S_\alpha(n)$ 是气象要素 α 的湍流能量的时间谱函数(时间能谱). 在大气湍流能谱分析中, $S_\alpha(n)$ 一般称为湍流能谱密度. 令 $t=0$, 有

$$f_\alpha(0) = 2\int_0^\infty S_\alpha(n)\, \mathrm{d}n. \tag{4.3.3}$$

由相关函数的概念, 有 $f_\alpha(0) = \overline{\alpha'^2}$ (α 可以是风速 u, v, w, 位温 θ, 比湿 q 等). 以水平纵向风速 u 为例, 有

$$\overline{u'^2} f_u(t) = \frac{1}{2}\int_{-\infty}^\infty S_u(n)\cos2\pi nt\, \mathrm{d}n$$

$$= \int_0^\infty S_u(n)\cos2\pi nt\, \mathrm{d}n,$$

$$S_u(n) = 2\,\overline{u'^2}\int_{-\infty}^\infty f_u(t)\cos2\pi nt\, \mathrm{d}t$$

$$= 4\,\overline{u'^2}\int_0^\infty f_u(t)\cos2\pi nt\, \mathrm{d}t.$$

因 $0.5\,\overline{u'^2}$ 表示单位质量空气在水平纵向的湍流动能, 故 $S_u(n)\mathrm{d}n$ 代表在频率区间 $n\sim n+\mathrm{d}n$ 内的湍流涡旋对湍流动能的贡献.

对于空间相关函数 $f(r)$, 存在同样的傅里叶变换关系:

$$f(r) = 2\int_0^\infty E(k_1)\cos k_1 r\, \mathrm{d}k_1, \tag{4.3.4}$$

$$E(k_1) = 2\int_0^\infty f(r)\cos k_1 r\, \mathrm{d}r, \tag{4.3.5}$$

其中 k_1 为波数, 表示单位空间距离上波的个数乘以 2π; $E(k_1)$ 为一维空间能谱, 表示单位波数间隔的湍涡所携带的湍流动能密度.

根据泰勒"冰冻"假设, 有 $f(r) = f(\overline{u}t)$, 则波数 k_1 和自然频率 n 之间的变换关系可表示为

$$k_1 = 2\pi n/\overline{u}. \tag{4.3.6}$$

于是一维空间能谱和时间能谱的对应关系为

$$S(n) = \frac{2\pi}{\overline{u}}E(k_1). \tag{4.3.7}$$

能谱图是大气湍流能谱最常见的表现形式(图 4.3.1). 一般地, 以能谱密度 $S(n)$ 为纵坐标, 以频率 n 为横坐标, 绘双对数坐标谱图. 在近地面层, 横坐标多采用无因次频率 $f = nz/\overline{u}$ 的形式. 采用双对数尺度坐标, 湍流能谱低频段的横坐标被充分放大, 可以细致地显示能谱随频率的变化特征. 为使得较低

能量的高频段特征明显，纵坐标乘以自然频率 n，为 $nS(n)$.

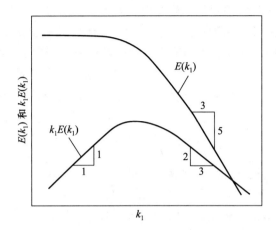

图 4.3.1　大气湍流能谱图（引自 Kaimal *et al.*, 1972）

4.4　湍流协方差和湍流通量的定义

两个变量之间的协方差定义为

$$\sigma_{AB}^2 = \frac{1}{N} \sum_{i=0}^{N-1} (A_i - \overline{A})(B_i - \overline{B})$$

$$= \frac{1}{N} \sum_{i=0}^{N-1} a_i' b_i' = \overline{a' b'}. \qquad (4.4.1)$$

协方差表示两个变量 A 和 B 之间的相关程度. 例如，设 A 代表空气位温 θ，B 代表垂直风速 w，则有 $\sigma_{\theta w}^2 = \overline{\theta' w'}$. 对协方差进行归一化，即可得到其互相关系数：

$$R_{AB} = \frac{\overline{a' b'}}{\sigma_A \sigma_B}. \qquad (4.4.2)$$

R_{AB} 的意义与前文的自相关系数不同. 它表征在同一时刻、同一空间点上两种不同的气象要素或同一种气象要素不同的分量间的相关性，例如风速涨落的 x 分量 u' 与 y 分量 v' 的相关性.

相比于分子的热交换，大气湍流的热交换更有效率. 大气湍流的热交换过程比分子的热交换大 10^5 倍. 湍流热交换发生的运动尺度从毫米到千米量级. 湍流单元可以被设想成热力学性质基本同一的空气包. 小尺度的湍流单元集合在一起形成大尺度的湍流单元，最大的湍涡是大气压力系统. 被加热的湍流单元通过随机运动传输能量. 这一过程同样可以应用于水汽和动能传输. 大尺度的湍流单元从平均运动中获取能量，并通过逐级传递把能量输送给小尺度的湍流单元. 最小尺度的湍流单元释放能量而消失（能量耗散）. 物理上，通量定义为单位时间、单位面积物质的输送量. 例如，物质浓度通量反映了相邻两种不同浓度的同种物质的气体或液体高浓度区域中的溶质分子向低浓度区域输送的大小. 大气湍流中经常用到的有动量通量、感热通量和潜热通量以及物质通量.

在均匀、平稳和各向同性的条件下，某一层大气的湍流场中任一种物理量 s，其属性满足：

$$- \frac{\partial (\overline{w's'})}{\partial z} = 0. \qquad (4.4.3)$$

在该层内对高度做积分，则得到湍流通量：

$$F_s = A \overline{w's'}, \qquad (4.4.4)$$

其中 A 为系数. 可见，湍流通量实际是大气参量的协方差.

如果以水平纵向风速 u，温度 θ，比湿 q 和物质浓度 c 等替代 (4.4.4) 式中的物理量 s，则有

动量通量：

$$\tau = -\rho \overline{w'u'} = \rho u_*^2, \qquad (4.4.5)$$

其中 $u_* = (-\overline{w'u'})^{1/2}$ 为摩擦速度. 如果横向剪切作用不可忽略，则有

$$u_* = \left[(\overline{w'u'})^2 + (\overline{w'v'})^2 \right]^{1/4}. \qquad (4.4.6)$$

感热通量：

$$H = \rho c_p \overline{w'\theta'}. \qquad (4.4.7)$$

潜热通量（水汽通量）：

$$LE = \rho L_v \overline{w'q'}. \qquad (4.4.8)$$

物质通量：

$$F = \rho A \overline{w'c'}. \qquad (4.4.9)$$

其中，ρ 为空气密度，c_p 为空气定压比热，L_v 为水的汽化潜热，A 为使 F 满足通量量纲的系数.

4.5　湍流通量的确定

依据 (4.4.5)~(4.4.9) 式计算湍流通量的基础是湍流理论，这种计算湍流通量的方法通常称为涡动相关法 (eddy covariance). 下面介绍其他几种依据湍流理论或涡动相关法衍生出来的计算湍流通量的方法.

4.5.1　通量-方差法

类似于湍流动能守恒方程，可以推导动量通量和感热通量的平衡方程

（Foken，Wichura，1996；Wyngaard，Cote，1971），有

$$\frac{\partial(\overline{u'w'})}{\partial t} = -\overline{w'w'}\frac{\partial\overline{u}}{\partial z} + \frac{g}{\overline{\theta}}\overline{u'\theta'} - \frac{\partial(\overline{u'w'^2})}{\partial z} - \frac{1}{\overline{\rho}}\frac{\partial(\overline{w'p'})}{\partial z} - \varepsilon, \quad (4.5.1)$$

$$\frac{\partial(\overline{w'\theta'})}{\partial t} = -\overline{w'w'}\frac{\partial\overline{\theta}}{\partial z} + \frac{g}{\overline{\theta}}\overline{\theta'\theta'} - \frac{\partial(\overline{\theta'w'^2})}{\partial z} - \frac{1}{\overline{\rho}}\frac{\partial(\overline{\theta'p'})}{\partial z} - \varepsilon. \quad (4.5.2)$$

这样，可以利用气象要素的方差和湍流特征计算湍流通量．这种方法称为通量-方差法，也经常称为"涡旋相关法"（eddy correlation）．请注意，不要与由湍流通量定义计算湍流通量的涡动相关法混淆．

气象要素 X 和 Y 与垂直风速 w 的相关系数 R_{wX} 和 R_{wY} 可分别用通量 F_X 和 F_Y 与方差 σ_w，σ_X，σ_Y 表示：

$$R_{wX} = \frac{\overline{w'X'}}{\sigma_w\sigma_X} \propto \frac{F_X}{\sigma_w\sigma_X}, \quad (4.5.3)$$

$$R_{wY} = \frac{\overline{w'Y'}}{\sigma_w\sigma_Y} \propto \frac{F_Y}{\sigma_w\sigma_Y}. \quad (4.5.4)$$

由(4.5.3)式和(4.5.4)式，有

$$|F_X| \propto |F_Y|\frac{\sigma_X}{\sigma_Y}. \quad (4.5.5)$$

与涡动相关法确定湍流通量所需要的谱段不同，通量-方差法多利用低频谱段．因此，该方法最适合用于两种大气参量通量中的一种可以用具有高时间分辨率的湍流测量的情况．此外，在相关系数已知的情况下，湍流通量同样可以根据(4.5.3)式或(4.5.4)式确定．根据后面介绍的相似性理论，相关系数也可以粗略地由大气层结特性进行参数化．

4.5.2　涡旋累积法

Desjardins(1977)较早地提出了基于条件采样的涡旋累积法．该方法对于气体采样和计算相应的湍流通量更为有效．假设垂直方向的平均风速为零，采用一种特殊的阀门以及两个采样罐即可实现和涡动相关法完全一致的通量获取，却只需要测量两个采样罐的平均浓度．这种方法称为涡旋累积（eddy accumulation，EA）法．下面以计算气体浓度 c 的通量为例，说明涡旋累积法的推导过程．

假设在某一时段内，垂直方向的平均风速为零，即

$$\overline{w} = 0$$

将垂直风速的脉动 w' 分解为大于 0 的情况 w^+ 和小于 0 的情况 w^-，有

$$\overline{w'c'} = \overline{w^+c'} + \overline{w^-c'}, \quad (4.5.6)$$

$$\overline{w^+} + \overline{w^-} = 0, \quad (4.5.7)$$

因此

$$(\overline{w^+} + \overline{w^-})\bar{c} = 0. \qquad (4.5.8)$$

由(4.5.6) ~ (4.5.8)式, 有

$$\overline{w'c'} = (\overline{w^+} + \overline{w^-})\bar{c} + \overline{w^+c'} + \overline{w^-c'}. \qquad (4.5.9)$$

进行雷诺分解 $c = \bar{c} + c'$, 有

$$\overline{w^+c} = \overline{w^+}\,\bar{c} + \overline{w^+c'},$$

$$\overline{w^-c} = \overline{w^-}\,\bar{c} + \overline{w^-c'}.$$

代入湍流通量的定义, 有

$$F_c \propto \overline{w'c'} = \overline{w^+c} + \overline{w^-c}. \qquad (4.5.10)$$

　　实施涡旋累积法需要两个采样罐分别对向上、向下垂直风速条件下的样本进行采样, 采样速率要根据垂直风速的实际大小而变化.

　　图 4.5.1 给出了涡旋累积法获取湍流通量的示意图. 该系统包括一维超声风温仪、阀门及其控制装置、导气管和两个用于储存条件采样样本的采样罐. 涡旋累积法的实现过程可以表述为: 当超声风温仪显示垂直风速为正时, 向上阀门打开, 按照和垂直风速成正比例的速率将气体抽至向上采样罐; 同样, 当垂直风速为负时, 向下的阀门打开, 按照和垂直风速成正比的速率将气体抽至向下采样罐. 设采样区间内得到的向上、向下的平均浓度分别为 c_U 和 c_D, 则 (4.5.10)式右端的两个协方差项分别对应了 c_U 和 $-c_D$ (w^- 的平均值为负). 因此, 采样区间气体 c 的湍流通量可以简单地表达为

$$F_c \propto c_U - c_D. \qquad (4.5.11)$$

　　涡旋累积法对测量痕量气体湍流通量的优势非常显著. 首先, 由于该方法的理论基于湍流理论和涡动相关法, 获取的湍流通量与涡动相关法获取的结果相同; 其次, 涡旋累积法仅仅需要测量垂直风速的高频信号, 以及根据垂直风速的大小和方向控制阀门的大小和方向, 从而达到与垂直风速成比例的速率抽气获得向上和向下条件下气体的采样样本, 而气体样本可以在后期进行检定分析, 避免了对痕量气体快速响应分析仪的需求. 涡旋累积法可以广泛应用于无快速响应仪器测量手段的气体通量的获取. 同时, 涡旋累积法的浓度测量是观测时段内的累积量, 累积的浓度可以以更高的信度检出, 更适合于大气中丰度较低的痕量气体的通量确定.

　　但是, 涡旋累积法在应用中也存在一定的问题:

　　(1) 要求垂直风速的平均值 $\bar{w} = 0$.

　　(2) 条件采样的平均样本需要较高的精确度, 以保证通量获取的精确度.

　　(3) 分别进行向上、向下垂直风速条件下气体样本的采样时, 速率要根据实际垂直风速的大小而变化. 另外, 实际操作中, 复杂的阀门装置实现起来也

有一定的困难.

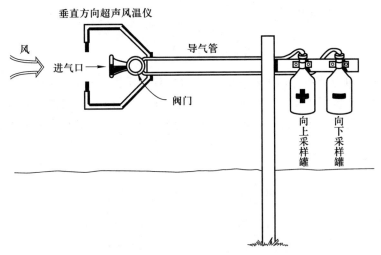

图 4.5.1　涡旋累积法获取气体通量的示意图(引自高祥, 2011)

4.5.3　松弛涡旋累积法

Businger 和 Oncley(1990)在涡旋累积法的基础上提出了松弛涡旋累积(relaxed eddy accumulation, REA)法. 相对于 EA 法, REA 法松弛了采样条件, 即 REA 法不需要 EA 法中进行条件采样所必需的复杂阀门装置, 仅需要用恒定的速率抽气. 当垂直风速为正(向上)时, 将气体抽至向上的采样罐; 当垂直风速为负(向下)时, 将气体抽至向下的采样罐. REA 法获取通量的计算公式如下:

$$F_c \propto \overline{w'c'} = \beta(\zeta)\sigma_w(c_U - c_D), \tag{4.5.12}$$

其中 σ_w 为垂直风速标准差, c_U 和 c_D 分别为向上和向下的两个采样罐的气体采样浓度, $\beta(\zeta)$ 为 REA 系数, $\xi = z/L$.

EA 法中, 由于 c_U 和 c_D 与采样时的流量和垂直风速的距平成正比, 实际测量的浓度是浓度和垂直风速的协方差, 包括了浓度的信息, 也包括垂直风速的信息. REA 法将垂直风速脉动的信息和气体浓度的信息进行了剥离, 采样的抽气速率是一个定值, 所获得的 c_U 和 c_D 仅仅包括浓度信息. (4.5.12)式中加入了垂直风速标准差 σ_w, 以表征测量期间的垂直风速脉动的信息. 因 REA 法并非如 EA 法完全由涡动相关法数学推导而来, 为了与涡动相关法的通量相联系, (4.5.12)式中引入了 REA 系数 $\beta(\zeta)$. 一般认为, REA 系数 $\beta(\zeta)$ 仅仅与稳定度参数 z/L 有关, 但随稳定度参数的变化很小; 对垂直风速偏差的敏感性不显著, 但随归一化阈值的变化略有变化, 可以认为是常数: $\beta = 0.6$

(Businger，Oncley，1990). Businger 和 Oncley(1990)同时给出了 β 随归一化垂直风速阈值 $\dfrac{w_{\mathrm{d}}}{\sigma_w}$ 变化的经验公式：

$$\beta\left(\frac{w_{\mathrm{d}}}{\sigma_w}\right) = \beta(0)\,\mathrm{e}^{-\frac{3}{4}\frac{w_{\mathrm{d}}}{\sigma_w}}. \qquad (4.5.13)$$

Wyngaard 和 Moeng(1992)利用大涡模拟计算垂直风速 w 和浓度 c 的联合概率密度函数确认了不同稳定层结下 $\beta = 0.6$；同时给出垂直风速 w 和浓度 c 满足高斯分布时的结果：$\beta = 0.627$. Pattey 等(1993)给出了 β 随归一化垂直风速阈值 $\dfrac{w_{\mathrm{d}}}{\sigma_w}$ 变化的经验公式：

$$\beta\left(\frac{w_{\mathrm{d}}}{\sigma_w}\right) = 1 - b_0\left(1 - \mathrm{e}^{-b_1\frac{w_{\mathrm{d}}}{\sigma_w}}\right), \qquad (4.5.14)$$

其中系数 $b_0 = 0.437$，$b_1 = 1.958$.

通过 REA 法模拟研究，前人获取了不同采样阈值下的 REA 系数的取值，这些成果成为应用 REA 法获取湍流通量的基础. 表 4.5.1 是不同作者给出的 REA 系数取值的部分结果.

表 4.5.1 部分作者给出的 REA 系数一览表

参考文献	气象要素	归一化阈值	REA 系数 β
Businger，Oncley(1990)	T, q	—	0.6
Baker et al. (1992)	q, CO_2	—	0.56
Pattey et al. (1993)	CO_2	—	0.57
Gao(1995)	T, q	—	0.51 ~ 0.61
Katul et al. (1996)	T, q	—	0.57 ~ 0.62
Beverland et al. (1996)	T	—	0.563
Skov et al. (2006)	T	1/3	0.52
Lee et al. (2005)	T	0.4	0.45
Christensen et al. (2000)	H_2O, CO_2, O_3	0.4	0.42
Olofsson et al. (2003)	动量	0.5	0.42
Graus et al. (2006)	T	0.6	0.39
Gronholm et al. (2008)	T	0.5	0.43

尽管从数学角度，REA 法获取的湍流通量与涡动相关法获取的湍流通量

不完全一致，但由于对采样条件做了放宽，实际应用中可以被已有的仪器很好地满足，从而减小了湍流通量获取的误差，增加了结果的可信度．相比 EA法，采用 REA 法获取通量具有更好的效率．图 4.5.2 给出了 REA 法获取气体通量的示意图，主要包括：

（1）信号处理部分，由超声风温仪和计算机组成；

（2）采样控制部分，由计算机和采样阀门（V1，V2，V3）组成；

（3）气体采样部分，由采样阀门、采样泵及采样装置组成．

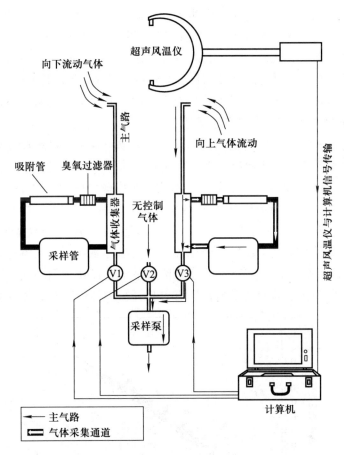

图 4.5.2　REA 法获取气体通量的示意图（引自高祥，2011）

REA 法的采样过程可以简单地描述为：超声风温仪获取之前一时间段的湍流风速数据，对其进行实时的坐标旋转，使 $\overline{w}=0$，以修正因水平风速的倾斜而造成的垂直风速的偏差．同时，可以用采样动态阈值（dynamic threshold）的办法来确定垂直风速阈值 w_d．垂直风速阈值 w_d 取决于实验条件和待测气体. 当垂直风速为正且大于 w_d 时, 计算机向阀门发送开启向上阀门的指令, 其余两个阀门关闭, 气体进入向上的采样罐; 当垂直风速为负且小于 $-w_d$ 时, 开启向下的阀门, 其余两个阀门关闭, 气体进入向下的采样罐中; 如果垂直风速介于 $-w_d$ 和 w_d 之间(被称为 deadband), 中间的阀门开启, 另两个阀门关闭, 气体样本直接被弃置. 整个过程中, 采样泵始终处于采样速率不变的工作状态.

后处理过程中, 利用两个采样罐各自的气体浓度 c_U 和 c_D, 结合湍流数据处理得到的垂直风速标准差 σ_w, 即可得到相应时段的气体通量.

以上以获取气体通量为例, 说明了如何用 REA 法获取湍流通量. REA 法也可以应用于其他大气参量的湍流通量获取, 包括感热通量和动量通量. 以获取感热通量为例: 大气温度无法利用抽气再分析的方法获得, 但可以认为存在两个虚拟的采样罐. 采样装置可以设置为超声风温仪和温度传感器. 当垂直风速为正时, 温度记录至 T_U; 当垂直风速向下时, 温度记录至 T_D. 最后将 T_U 和 T_D 的数据取平均, 得到 $\overline{T}_U$ 和 $\overline{T}_D$, 代入 (4.5.12) 式计算感热通量. 由于 REA 法仅仅需要条件采样后的平均温度值, 所以不需要选择高采样频率的温度传感器.

作为例证, 图 4.5.3 给出了中国广东地区大气湍流实验 REA 法获取的动量通量 $\overline{w'u'}$ 与涡动相关法计算结果的对比, 其中横坐标为 REA 法计算的动量通量, 纵坐标为涡动相关法计算的结果, 直线为强制过原点的线性拟合线, $y = 0.547x$ 和 $R^2 = 0.978$ 分别是拟合结果和拟合优度. REA 法计算的结果和涡动相关法计算的结果呈现较好的线性关系, 强制过原点的线性拟合优度 R^2 达到 0.978. 这个结果显示在 95% 的显著性水平下可以认为 REA 法计算的动量通量和涡动相关法计算的动量通量具有可比性. 需注意, 在具体计算过程中,

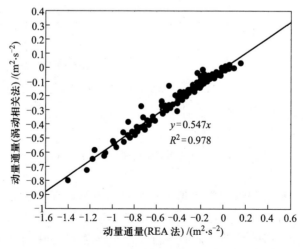

图 4.5.3　动量通量的 REA 法计算结果与涡动相关法计算结果的比较(引自高祥, 2011)

REA 法获取动量通量时对倾斜修正具有较强的敏感性.

与动量通量的计算和分析类似，图 4.5.4 给出了 REA 法计算的感热通量 $\overline{w'\theta'}$ 和涡动相关法计算结果的对比. 计算过程发现，REA 法在获取感热通量时不进行倾斜修正会造成计算结果偏小，但对倾斜修正的敏感性不强.

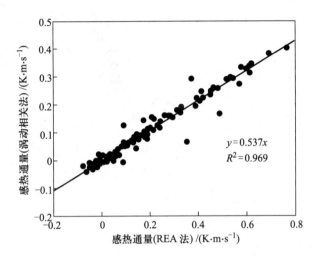

图 4.5.4　感热通量的 REA 法计算结果与涡动相关法计算结果的比较（引自高祥，2011）

图 4.5.5 和图 4.5.6 分别给出了 REA 法计算的潜热通量 $\overline{w'q'}$ 和 CO_2 通量与涡动相关法计算结果的对比. 图中显示结果的离散性相对动量通量和感热通

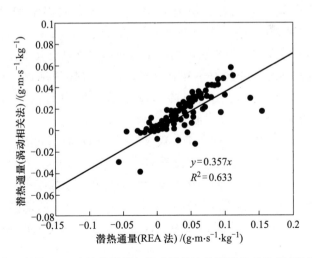

图 4.5.5　潜热通量的 REA 法计算结果与涡动相关法计算结果的比较（引自高祥，2011）

量偏大，说明潜热通量和 CO_2 通量的 REA 法计算效果略差.

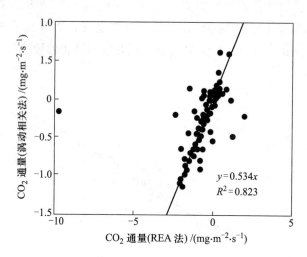

图 4.5.6 CO_2 通量的 REA 法计算结果与涡动相关法计算结果的比较(引自高祥, 2011)

4.5.4   分离的涡动相关法

以上介绍的湍流通量获取方法都是用来测量惰性气体或者在采样罐中不会发生反应的气体通量的. 气体分析仪的采样率必须达到 10～20 Hz 才能够满足使用涡动相关法测量湍流通量的条件，或者要求有较高精度的浓度测量系统. 为了解决高采样频率的问题，研究者提出了"分离的涡动相关法"(Foken, 2008). 分离的涡动相关法的基本思想源于湍流通量的飞机观测，属于直接测量方法. 根据采样定理，飞机速度的测量与地面观测具有几乎完全一样的采样频率，对湍流涡旋的采样频率不存在调整. 即便采样频率相对于涡旋尺度较低，依然可以估计一个充分发展的湍流运动系统的通量(Lenschow *et al.*, 1994). 这意味着采样样本在时间上有着较大的分离.

分离的涡动相关法的优点在于：仅仅需要在固定时间间隔上进行样本的采集(Rinne *et al.*, 2000). 尽管直接测量的时间间隔 < 0.1 s，然而由于气体分析仪采样和分析的高延迟，数据处理需要数秒的时间. 根据模拟结果，为达到小于 10% 的误差，两次采样之间的时间间隔应该在 1～5 s 的范围内. 该方法目前还在发展中，可以预期它可能成为一种测量高反应率气体或颗粒物通量的有效方法.

表 4.5.2 给出了部分湍流通量获取方法的评价.

表 4.5.2　部分湍流通量获取方法的评价一览表(引自 Foken，2008)

评价标准	通量-方差法	REA 法	分离的涡动相关法
应用范围	基础研究	基础研究 连续观测	仅限于基础研究
费用	0.2 万 ~ 1 万欧元/套系统	1 万 ~ 5 万欧元/套系统	1 万 ~ 2 万欧元/套系统
人员	持续的科学和技术支持	持续的科学和技术支持	密集持续的科学和技术支持
理论基础	良好的微气象学知识和测量技术	良好的微气象学知识和测量技术，且可能需要化学知识	良好的微气象学知识和测量技术以及化学知识
误差	取决于微气象条件 10% ~ 30%	取决于微气象条件 5% ~ 20%	取决于微气象条件 5% ~ 20%
采样	10 ~ 20 Hz(可能更低)	10 ~ 20 Hz	1 ~ 10 s，采样持续时间 < 0.1 s
通量的时间分辨率	10 ~ 30 min	30 ~ 60 min	30 ~ 60 min
化合物的应用	被选择的惰性气体(具备高时间分辨率的气体分析仪)	被选择的惰性气体(具备高时间分辨率的气体分析仪)	被选择的惰性气体(气体分析仪时间分辨率 < 10 s)
方法的局限性	足够的印痕区域 必要的湍流条件 必要时需满足标量的相似性	足够的印痕区域 必要的湍流条件 标量的湍流尺度相似性 局地对于积分湍流特征没有影响	足够的印痕区域 必要的湍流条件 湍流尺度的影响待确定

4.6　斜坡结构

　　不规则的大气湍流运动在地球表面上具有可检测的有序运动. 但是，近代湍流研究发现的猝发现象表明，大气湍流并非是完全有序的运动. 最初在风洞中发现的湍流猝发现象主要表现在水平风速和垂直风速的大尺度结构上，实际大气中具有完全类似的运动特征. 1958 年，Taylor 从大气边界层多高度的温度自计曲线发现温度有规律地随时间缓慢上升，然后在 1 ~ 2 s 内突然跳跃性下降 1 ~ 2℃ 的现象，称之为斜坡结构(ramp). 其后科学家们(Lu，Willmarth，1973；Gao *et al.*，1989；Collineau，Burnet，1993a；Hagelberg，Gamage，1994)发现大气湍流运动的各个特征量，如水平风速、垂直风速、温度等，都表现出一定的有组织的较大尺度的运动. 在大气湍流风场中发现强烈的上冲(ejection)和下扫(sweep)运动. 由此认为猝发现象是湍流运动自身的一种特征结构, 这种结构对于湍流运动机理有重大意义. 猝发现象的重要意义还包括对湍流通量、混合层热泡(thermal)等的贡献. 猝发现象也称为拟序结构、相干结构等. 是勋刚(1994)对拟序结构的描述为: "拟序结构是在切变湍流场中不规则的触发的一种序列运动, 它的起始时刻和初始位置无法确定, 但一经触发, 它就以某种确定的次序发展特定的运动状态." 大气湍流亦称为斜坡结构, 主要原因是根据温度、湿度标量检测到的数据具有与拟序结构相似特征的结构. 图 4.6.1 给出了中国西北地区戈壁下垫面的一组温度时间序列的原始观测数据, 图 4.6.2 是提取出的相应斜坡特征.

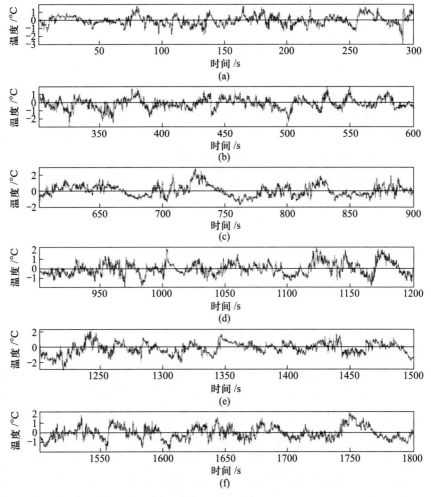

图 4.6.1　中国西北地区戈壁下垫面夏季中午的温度脉动曲线(引自陈红岩, 1999)

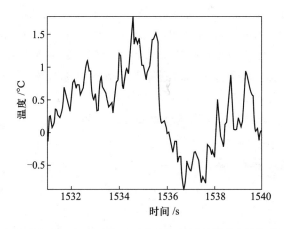

图 4.6.2　中国西北地区戈壁下垫面夏季中午的斜坡结构(引自陈红岩，1999)

　　斜坡结构的分析方法较多，早期的有滤波法(Rao *et al.*，1974；Yuan，Mokhtarzadeh-Dehghan，1994)、象限分析法(Lu，Willmarth，1973)、VITA 方法(Blackwelder，Kaplan，1976)、多点法(Shaw，Gao，1989)等. 这些方法的缺点是单一尺度特性及判定函数中系数域值设定的不确定性和主观随意性. 20世纪 90 年代，小波分析方法被用于分析湍流结构(Collineau，Brunet，1993a，1993b；胡非，1995；乔劲松，1996). 小波变换可以把大气湍流信号分解成相干和不相干两部分(Mahrt，Gibson，1992)，将大气湍流信号在空间上展开，更有利于分析具有湍流间歇性的湍流相干结构. 小波分析得到的湍流能谱具有傅里叶变换结果的局域特征. 结合 Mallat 小波分析，图 4.6.1 显示的大气湍流斜坡结构的尺度约为 20 s，对感热通量的贡献约为 40%，间歇因子约为 0.45. 由图 4.6.1 可以看到，温度的时间序列中存在不定期发生的斜坡结构，且一个斜坡结构中小尺度扰动仍然很剧烈，有的斜坡中还套有更小尺度的斜坡. 如果斜坡结构反映了湍流的涡旋运动，这应恰恰是湍流运动"大涡套小涡"的证明. 由图中还可以看到，各个时期的斜坡结构并不完全相同，有时连续几个依次出现，有时却表现出一定程度的沉寂. 要获得斜坡结构的清晰图像，必须对其发生位置、持续时间有较准确的判断，同时消除小尺度扰动的影响. 这就要求进行系综平均. 界定选取系综的条件是条件采样和条件平均.

　　小波分析斜坡结构基于一个基本事实：斜坡结构中的跳跃点实际上对应一个奇点. 正是利用小波基函数对这种奇点的判别能力来进行取样. 选用什么形式的小波基函数进行条件采样的重要因素是小波基函数形状与斜坡结构形状的相似程度. 小波系数是这种相似程度的一种度量.

　　为了检验小波对斜坡结构的检测效果，首先采用人工数据进行检测. 人工数据的设计原则是使数据尽量接近实际的大气湍流运动，由各种尺度随机间隔的斜坡组成，斜坡的高度取 1，同时在信号上叠加 10% 左右的随机信号作为湍流信息. 图 4.6.3 中，人工数据的斜坡形状为用来检测湍流斜坡的基本形状，该形状是根据温度斜坡条件平均得到的类似形状构造出来的，按照上冲运动和下扫运动的形状，分别构造出上凸形和下凹形. 共构造斜坡 737 个，检测得到 691 个. 图 4.6.4 是斜坡尺度概率分布的检验效果.

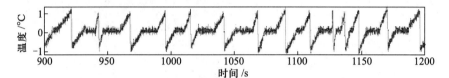

图 4.6.3　具有湍流信息的人工数据(引自陈红岩，1999)

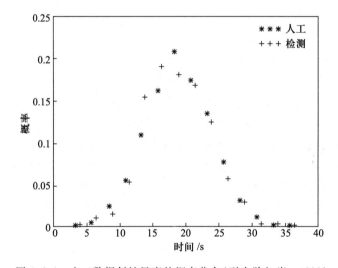

图 4.6.4　人工数据斜坡尺度的概率分布(引自陈红岩，1999)

图 4.6.5 给出了中国西北戈壁下垫面夏季中午水平纵向风速脉动、垂直风速脉动、湿度脉动、温度脉动以及感热通量、潜热通量和动量通量的时间序列. 可见，温度序列中有着很好的斜坡状相干结构，在斜坡奇点附近通常有 $1 \sim 2℃$ 跳跃. 而且，斜坡结构具有明显的不对称特征，下扫回零有时显得不太清晰. 可以发现温度曲线、湿度曲线和垂直风速曲线有着相同的形状，都在同一点有着很大的跳跃. 这说明三者之间存在着很好的相关性，垂直风速脉动同时跳跃也表明相干结构内部可能是一个运动的自组织结构. 垂直风速脉动 w' 包含更为强烈的小扰动，但较大尺度运动的一致性依然非常明显. 感热通量

$\overline{w'\theta'}$ 的时间序列也证实了这一点，即在存在相干结构的地方，$\overline{w'\theta'}$ 出现一个较大的数值. 图 4.6.5 说明了斜坡结构的典型特征：斜坡结构在上冲之前，扰动显得非常明显；上冲运动的峰值比下扫运动的谷值幅度要大，持续的时间要长，下扫回零显然要比从零上冲迅速.

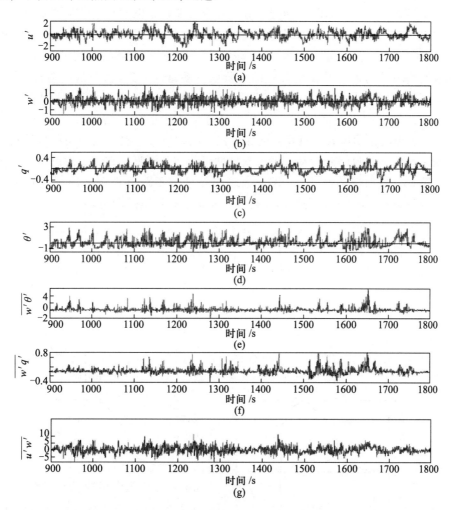

图 4.6.5　中国西北地区戈壁下垫面夏季中午，超声风温仪测量的水平风速脉动、垂直风速脉动、湿度脉动、温度脉动、感热通量、潜热通量和动量通量随时间的变化
（引自汪德鹏，2000）

温度斜坡结构对应的尺度上，垂直风速脉动 w' 和水平纵向风速脉动 u' 有着良好的相关性；位相相反，表示动量向下输送. 但与水平横向风速脉动 v' 没有明确相关. 动量通量 $\overline{u'w'}$ 的贡献不太容易分辨出来，这是由于平均风的

不稳定性导致这种相关性常常被扰乱.

　　对所有从温度序列中检测到的斜坡结构进行条件平均(图4.6.6),其结果表现了斜坡的结构特征以及各个湍流参量的相关性. 从温度的斜坡图形可以看出,温度脉动经过一段缓慢上升后直线上升至峰值,然后几乎垂直下降至谷底,其后在直线上升后转至缓慢回零. 整个过程在跳跃点附近的强烈上升和下扫非常明显. 相应地,垂直风速、湿度的斜坡结构几乎同相位地运动,相关性非常好;水平纵向风速同时为反相运动,缓慢下降将至谷底后突然急速上跳. 这表明斜坡结构可以明显地分成两个阶段:慢速地上升(上冲运动阶段)和快速地下沉(下扫运动阶段). 两个阶段构成了整个斜坡事件,且小扰动基本上被消除,呈现相当干净的主体图样. 另外,条件平均的结果表明了 u', w', θ', q' 的湍流运动形式具有良好的相关性,运动形式一致. 这说明斜坡结构是湍流运动的一种自组织运动. 温度斜坡的形状非常清晰,在零点附近有非常强烈的跳跃,平均幅值超过 $1.5\,℃$,表现出强烈的不对称性,上冲可达 $0.9\,℃$,下扫谷值只有 $-0.6\,℃$,上冲运动持续时间是下扫运动的两倍多.

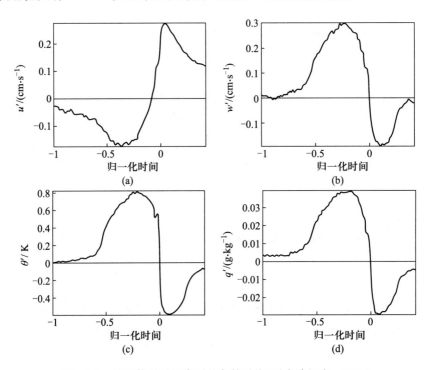

图4.6.6　湍流信号时间序列的条件平均(引自陈红岩,1999)

　　垂直风速的斜坡形状与温度的斜坡形状相似,表现出同样的不对称性. 上冲运动到达的峰值为 0.3 cm·s^{-1}，下扫运动的谷值为 –0.2 cm·s^{-1}，在零点附近的跳跃达到 0.5 cm·s^{-1}.

水平纵向风速的斜坡与垂直风速的斜坡反向，跳跃的幅值达到 0.5 cm·s^{-1}，上冲至 0.3 cm·s^{-1}附近，下扫至 –0.2 cm·s^{-1}附近. 水平风速斜坡和湿度斜坡不是从零值开始再回到零值. 水平纵向风速从负值（–0.04 cm·s^{-1}）开始缓慢下降，当它升至正的峰值以后又下降到正值（0.12 cm·s^{-1}）；而湿度是从正值（约 0.01 g·kg^{-1}）上升至峰值，然后从谷底升至负值（–0.01 g·kg^{-1}）. 这与上冲运动开始前和下扫运动结束后可能存在强度较小的斜坡有关，也说明了大尺度斜坡结构周围远离平衡态.

斜坡结构具有明显的不对称性. 无论是垂直风速斜坡、温度斜坡、湿度斜坡，还是水平纵向风速斜坡，正峰值的幅度比负谷值的幅度大，绝对值的比例约为 3/2.

图 4.6.7 给出了 1998 年中国淮河流域实验（HUBEX）中的温度、湿度和垂直风速脉动的时间序列曲线，从中可以清楚地看到探测仪器捕捉的斜坡结构痕迹，即温度曲线在约 $t = 150$ s 附近有一个明显大于 1℃ 的下跳，对应的湿度曲线也有非常类似的现象. 在该时间点附近，温度曲线和湿度曲线有一个明显的斜坡形状，说明温度和湿度具有很好的相关性，同时在该时间点的垂直风速脉动也有一个较大的跳跃，说明斜坡结构内部可能是一个运动的自组织结构. 图 4.6.8 则给出了湿度信号表现出的明显斜坡图案.

＊归一化的斜坡结构

将条件平均进行归一化，图 4.6.6 转换为图 4.6.9. 时间归一化是以上冲运动为基础的，将上冲运动的时间尺度定义为 1；下扫运动的时间尺度选择全体斜坡事件下扫运动时间之和与上冲运动时间之和的比值. 由图 4.6.9，温度的最高值约是标准差的 1.5 倍，最小值约为 –1 倍；湿度斜坡的结果小于温度相应的值，最高值只有 0.8 个标准差，最低值为 –0.3 个标准差；垂直风速最高值大于 0.8 个标准差，最低值为 –0.4 个标准差；水平纵向风速的最高值大于 0.5 个标准差，最低值小于 –0.2 个标准差.

图 4.6.10 ~ 4.6.12 分别给出了上冲运动、下扫运动和整个斜坡事件的持续时间尺度概率分布. 可见，斜坡结构的主体时间尺度主要集中在秒的量级范围内，2 s 左右的尺度约占整个尺度的 40%；上冲运动时间尺度集中在 10 s 范围，占整个尺度的 90% 以上；下扫运动时间尺度集中在 5 s 以内，占整个尺度的 95% 以上，1 s 尺度达到 65% 以上，2 s 尺度达 80% 以上. 上冲运动和下扫运动的不对称性说明了相干结构包含了长时间的缓慢上冲运动和短时间的下扫运动，这同时证明了斜坡结构不同于随机运动，是一种组织结构.

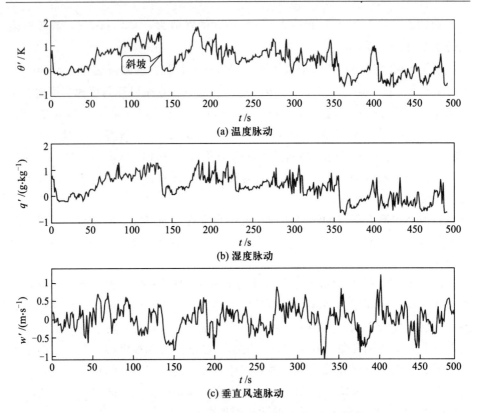

(a) 温度脉动

(b) 湿度脉动

(c) 垂直风速脉动

图 4.6.7　中国淮河流域实验中观测到的相干结构
时间：1998 年 6 月 5 日 14 时(引自陈红岩，1999)

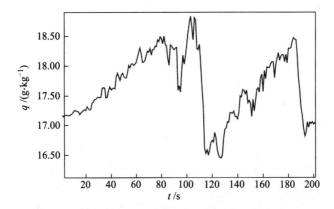

图 4.6.8　中国淮河流域实验中观测到的湿度信号的斜坡结构
时间：1998 年 6 月 5 日 14 时(引自陈红岩，1999)

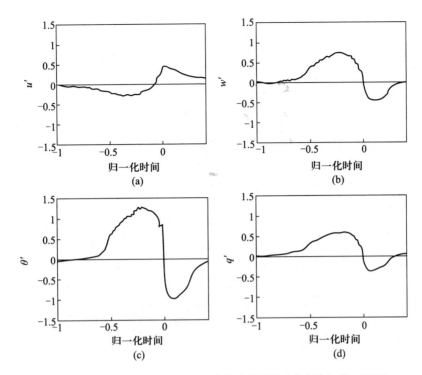

图 4.6.9　湍流信号时间序列归一化的条件平均（引自陈红岩，1999）

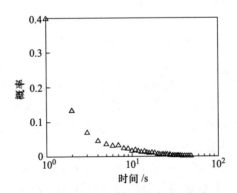

图 4.6.10　上冲运动时间尺度分布（引自陈红岩，1999）

＊斜坡结构对湍流通量的贡献

　　由前文的图 4.6.5 可见，温度斜坡与垂直风速的相关性非常好，斜坡结构出现时一般都有感热通量的极大值出现，表明了斜坡结构对感热通量的贡献.

　　定量计算斜坡结构对感热通量的贡献，需对湍流信号进行分解（Collineau，

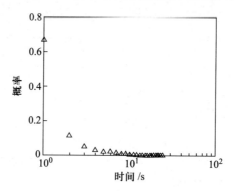

图 4.6.11　下扫运动时间尺度分布(引自陈红岩，1999)

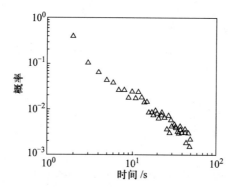

图 4.6.12　斜坡结构时间尺度分布(引自陈红岩，1999)

Brunet，1993a；Berstrom，Hogstrom，1989)，即将湍流信号 f 表示为

$$f = F + f_r + f'', \tag{4.6.1}$$

其中 F 为大尺度平均；f_r 为对斜坡结构的平均，称为相干湍流量，其在斜坡结构内的数值不为零，在斜坡结构外的数值为零；f'' 为随机湍流量. 应用雷诺分解，有 $f = F + f'$，其中 f' 为雷诺分解中的湍流脉动项. 于是 $f' = f_r + f''$. 对应雷诺应力通量项的感热通量可表示为

$$w'\theta' = (w_r + w'')(\theta_r + \theta'') = w_r\theta_r + w_r\theta'' + w''\theta_r + w''\theta''. \tag{4.6.2}$$

对(4.6.2)式取平均，并假设斜坡结构分量与随机湍流量统计无关，湍流通量全部由斜坡结构贡献，得到

$$\overline{w'\theta'} = \overline{w_r\theta_r}. \tag{4.6.3}$$

　　定义斜坡结构对感热通量的贡献率为

$$\Gamma = \overline{w_r\theta_r} / \overline{w'\theta'}. \tag{4.6.4}$$

通常情况下，有 $\Gamma \leqslant 1$.

　　假设湍流信号的长度为 X，则感热通量 $\overline{w'\theta'}$ 为

$$\overline{w'\theta'} = \frac{1}{X}\int_0^X w'(x)\theta'(x)\,\mathrm{d}x. \tag{4.6.5}$$

若湍流信号长度 X 内有各种尺度的斜坡结构，尺度为 l_i 的斜坡结构个数是 n_i，则 $\overline{w_r\theta_r}$ 表示为

$$\begin{aligned}
\overline{w_r\theta_r} &= \frac{1}{X}\int_0^X w_r(x)\theta_r(x)\,\mathrm{d}x \\
&= \sum_i \frac{n_i}{X}\int_0^{l_i} w_r(x)\theta_r(x)\,\mathrm{d}x \\
&= \sum_i \frac{l_i n_i}{X}\int_0^1 w_r(x)\theta_r(x)\,\mathrm{d}\frac{x}{l_i}.
\end{aligned} \tag{4.6.6}$$

所以，斜坡结构对感热通量的贡献率可写为

$$\Gamma = \frac{\overline{w_r\theta_r}}{\overline{w'\theta'}} = \frac{\gamma}{\overline{w'\theta'}}\int_0^1 w_r(x)\theta_r(x)\,\mathrm{d}\frac{x}{l}, \tag{4.6.7}$$

其中 γ 为间歇因子，l 是斜坡结构的平均尺度．斜坡结构对感热通量的贡献率 Γ 可以由间歇因子 γ 和归一化的斜坡结构通量的积分计算得到．水平方向的归一化因子是时间尺度，垂直方向为湍流通量．

图 4.6.5 所示湍流信号的斜坡结构对感热通量贡献率的平均值为 34%．直接用湿度序列检测到的斜坡结构计算的对潜热通量的贡献率为 34%，与对感热通量的贡献率相当；对动量通量的贡献率约为 15%．这表明，斜坡结构对感热通量和潜热通量有明显的贡献，对动量通量的贡献相对不大．

第五章　近地面层相似性理论

5.1　近地面层的定义和性质

5.1.1　近地面层的定义和特性

近地面层位于大气的底层，贴近地面，厚度随大气边界层厚度的增加或减薄而相应增减，一般为几十米. 近地面层中，湍流输送起支配性作用. 相对于湍流切应力，科氏力和气压梯度力的作用可略去不计. 平坦均匀条件下，湍流运动几乎是影响近地面层大气运动的唯一要素，大气结构主要依赖于垂直方向的湍流输送，包括动量、热量、水汽、能量和物质的输送. 近地面层有如下重要特点：

（1）动量、热量和水汽垂直通量随高度的变化与通量数值本身相比很小，各种湍流通量可以近似认为是常值. 近地面层也被称为常通量层.

常通量层假设的引入为大气湍流和大气边界层研究带来很大便利，使问题相对简单. 理论上，可以把湍流作为近地面层主要的甚至唯一的直接因子进行讨论，并且认为湍流的垂直通量是常值；实验上，某一高度湍流通量的测量结果可以代表另一高度或地面的数值.

（2）各个气象要素随高度的变化比大气边界层中层和上层要显著.

（3）大气运动尺度较小，科氏力随高度的变化可略去不计，风向随高度几乎无变化.

由此，近地面层可以描述为：大气中靠近地面数米或数十米，受地面摩擦作用导致风速、温度、湿度等气象要素随高度变化显著，湍流通量远大于大气边界层其他位置，且几乎不随高度变化的气层.

5.1.2　近地面层的厚度

利用动量守恒方程，可以对近地面层厚度进行估算.

假设大气边界层的湍流运动满足定常和水平均匀条件，则动量守恒方程可简化为

$$\frac{\partial(\overline{u'w'})}{\partial z} = -f(v_{g} - \bar{v}), \tag{5.1.1a}$$

$$\frac{\partial(\overline{v'w'})}{\partial z} = f(u_{\mathrm{g}} - \bar{u}). \tag{5.1.1b}$$

(5.1.1a)式和(5.1.1b)式说明, 满足定常和水平均匀条件的大气边界层中, 某高度的湍流应力梯度和该高度的地转风速度偏差成正比, 比例系数是 f. 地面高度处取 $\bar{v} = 0$, (5.1.1a)式可写为

$$\frac{\partial(\overline{u'w'})}{\partial z} = -f v_{\mathrm{g}} = -fG\sin\alpha_0, \tag{5.1.2}$$

其中 $G = (u_{\mathrm{g}}^2 + v_{\mathrm{g}}^2)^{1/2}$ 为地转风模量, α_0 为地面风与地转风之间的夹角. (5.1.2)式两边同除以地表摩擦速度的平方 u_{*0}^2, 有

$$\frac{1}{u_{*0}^2}\frac{\partial(\overline{u'w'})}{\partial z} = -f\frac{G\sin\alpha_0}{u_{*0}^2}. \tag{5.1.3}$$

以 u_*^2 代替 $\overline{u'w'}$, 并写成差分形式, 有

$$-\frac{1}{u_{*0}^2}\frac{\Delta u_*^2}{\Delta z} = -f\frac{G\sin\alpha_0}{u_{*0}^2}, \tag{5.1.4}$$

其中 Δz 代表近地面层切应力相对偏差 $\Delta u_*^2 / u_{*0}^2$ 对应的高度差. 假设湍流切应力的相对偏差 $\Delta u_*^2 / u_{*0}^2$ 不超过 10%, 即满足常通量层的条件, 则近地面层厚度 h_{b} 为

$$h_{\mathrm{b}} = \Delta z = 0.1\frac{u_{*0}^2}{fG\sin\alpha_0}. \tag{5.1.5}$$

对于中纬度地区, 地面的代表值有 $f \approx 10^{-4}\,\mathrm{s}^{-1}$, u_{*0} 为 $0.3 \sim 0.6\,\mathrm{m\cdot s^{-1}}$, u_{*0}/G 为 $0.04 \sim 0.06$, 则 h_{b} 的数值约为 20 ~ 50 m.

对于实际大气, 近地面层厚度的数值变动很大. 在地表粗糙度较大的地区或大气层结呈不稳定状态时, u_{*0} 通常较大, h_{b} 可达到 100 ~ 200 m; 反之, 近地面层往往很浅薄.

5.1.3　非定常性对常通量近似的影响

仍以水平纵向风速 u 为例, 考虑风速随时间有变化

$$\frac{\partial \bar{u}}{\partial t} = -\frac{1}{\bar{\rho}}\frac{\partial \bar{p}}{\partial x} + 2\omega\bar{v}\sin\varphi - \frac{\partial(\overline{u'w'})}{\partial z},$$

则

$$\frac{\partial \bar{u}}{\partial t} = -f(v_{\mathrm{g}} - \bar{v}) - \frac{\partial(\overline{u'w'})}{\partial z}.$$

包含有湍流切应力相对偏差 $\Delta u_*^2 / u_{*0}^2$ 的表达式为

$$\frac{\Delta u_{*0}^2}{u_{*0}^2}\frac{1}{\Delta z} = \frac{f(v_{\mathrm{g}} - \bar{v}) + \dfrac{\partial \bar{u}}{\partial t}}{u_{*0}^2}.$$

仍取湍流切应力相对偏差 $\Delta u_*^2 / u_{*0}^2$ 不超过 10%，地面上 $\bar{v} = 0$，有

$$h_b \approx 0.1 \frac{u_{*0}^2}{f v_g + \dfrac{\partial u}{\partial t}} = 0.1 \frac{u_{*0}^2}{f G \sin \alpha_0 + \dfrac{\partial u}{\partial t}}. \tag{5.1.6}$$

对比 (5.1.5) 式和 (5.1.6) 式，非定常性导致近地面层厚度有所变化. 近地层厚度变化幅度与风速的时间切变大小相关. 当风速随时间增大时，近地面层厚度变薄；反之，变厚.

5.2 莫宁–奥布霍夫相似性理论

莫宁–奥布霍夫 (Monin-Obukhov) 相似性理论 (1954) 是以物理问题相似性观点考察近地面层大气湍流运动，建立并成功描述了有剪切和浮力作用的大气湍流运动规律. 莫宁–奥布霍夫相似性理论对湍流理论是重大推进，是大气湍流和大气边界层领域发展的重要里程碑.

莫宁–奥布霍夫相似性理论以相似性理论和量纲分析方法，论述了切应力和浮力对近地面层湍流输送的影响，建立了近地面层气象要素廓线规律的普遍表达式.

5.2.1 莫宁–奥布霍夫相似性条件

莫宁–奥布霍夫相似性理论应满足如下基本条件：

（1）近地面层内大气运动具有不可压缩性，大气密度变化仅仅由温度变化引起，且只体现在引起浮力密度偏差，即满足 Boussinesq 近似；

（2）近地面层大气运动属于湍流运动，分子黏性、传导和扩散作用可以忽略；

（3）近地面层满足常通量层近似，非定常性、水平非均匀性和辐射热通量散度可以忽略，气压梯度力和地转偏向力被视为外部因子，湍流通量及其导出参量与风速、温度、湿度等气象要素廓线有着内在联系.

5.2.2 奥布霍夫长度

假设风速 u 沿水平平均风方向，则湍流切应力 τ 可以写为

$$\tau = -\rho \overline{u'w'} = \rho u_*^2, \tag{5.2.1}$$

其中 u_* 是摩擦速度，具有速度量纲，u_*^2 具有湍流切应力性质，一般随高度的变化而变化.

类似地，湍流感热通量和潜热通量可分别表示为

$$H = \rho c_p \overline{w'\theta'} = -\rho c_p u_* \theta_*,$$

$$LE = \rho L_v \overline{w'q'} = -\rho L_v u_* q_*.$$

定义位温特征尺度和比湿特征尺度：

$$\theta_* = -\frac{\overline{w'\theta'}}{u_*}, \tag{5.2.2}$$

$$q_* = -\frac{\overline{w'q'}}{u_*}. \tag{5.2.3}$$

湍流特征量 u_*, θ_* 和 q_* 表示了湍流垂直输送的强度. 由于 u_*, θ_* 和 q_* 代表了相应的湍流通量，近地面层内 u_*, θ_* 和 q_* 的数值近似与高度无关.

莫宁和奥布霍夫认为，在定常、水平均匀、无辐射和无相变的近地面层，大气运动的运动学和热力学结构仅决定于大气湍流状况. 将 u_*, $\overline{w'\theta'}$ 以及浮力因子 $g/\overline{\theta}$ 进行组合得到一个具有长度量纲的特征量，即奥布霍夫长度 L：

$$L = -\frac{u_*^3}{\kappa \frac{g}{\overline{\theta}} \overline{w'\theta'}} = \frac{u_*^2}{\kappa \frac{g}{\overline{\theta}} \theta_*}, \tag{5.2.4}$$

其中 κ 为 von Karman 常数，g 为重力加速度. 奥布霍夫长度 L 的物理解释是：其绝对值等于这样一个高度，在此高度上空气柱内通过浮力做功得到的湍流动能增加($L<0$)或者损耗($L>0$)等于在任意高度 z 处单位体积内动力引起的湍流动能变化. 奥布霍夫长度 L 反映了雷诺应力做功和浮力做功的相对大小，也应该可以表征大气层结状况的判据. (5.2.4)式中取"－"号是为了后续使用的方便. 当大气层结稳定时，有 $\overline{w'\theta'}<0$；当中性时，有 $\overline{w'\theta'}=0$；当不稳定时，有 $\overline{w'\theta'}>0$. 因此，有

$L>0$：稳定层结，L 越小或 z/L 越大，越稳定；

$L<0$：不稳定层结，$|L|$ 越小或 $|z/L|$ 越大，越不稳定；

$|L|\to\infty$：中性层结，$|z/L|\to 0$.

特征长度尺度 L，早期表述为莫宁-奥布霍夫长度. 考虑其历史意义，现表述为奥布霍夫长度(Businger, Yaglom, 1971). 奥布霍夫长度给出了动力和浮力过程之间的关系，而且与动力副层的高度成比例，但是两者并不相等(Monin, Yaglom, 1971, 1975). 采用位温表征奥布霍夫长度更加准确. 考虑水汽含量在浮力作用中的重要性，湿度较大时，往往使用虚温或虚位温.

5.2.3　莫宁-奥布霍夫相似性理论

对近地面层风速、温度和湿度廓线进行适当的无量纲化，其表达形式可以表示为无量纲的稳定度参数 z/L 的普适函数，特征长度 L 即是奥布霍夫长度.

无量纲化原则是：任何一个近地层湍流规律，其中的变量均以适当的特征尺度做无量纲化，无量纲化方程将仅仅是稳定度参数 z/L 的普适函数关系. 需

注意的是：

（1）无量纲化过程应具有相应的物理意义；

（2）无量纲化量应与被无量纲化特征量具有相近数量级.

无量纲化的步骤如下：

（1）选择与大气边界层气象要素有关的变量；

（2）对所选择的变量进行组合，形成无量纲组合；

（3）利用已有实验资料或进行实验，确定无量纲组合的数值；

（4）给出拟合（或经验）曲线或方程对无量纲组合进行描述.

例 1 给出白天近地面层水平纵向风速标准差 σ_u 作为高度函数的相似性关系.

解 （1）选择与大气湍流有关的变量：

已知变量：近地面层中水平纵向风速标准差 σ_u 和高度 z.

相关变量：摩擦速度 u_*，风速 u，奥布霍夫长度 L，地表粗糙度 z_0，边界层高度 z_i 等.

（2）对所选择的变量进行组合，形成无量纲组合：

将上述变量进行无量纲组合，可以有 z/z_i, z/L, σ_u/u_*, $\sigma_u/\bar{u}$ 等.

（3）利用已有实验资料或进行实验，确定无量纲组合的数值：

以往的观测资料显示有关系 $\sigma_u/u_* \propto f(z/L)$ 或 $\sigma_u/\bar{u} \propto f(z/L)$.

（4）给出拟合（或经验）曲线或方程对无量纲组合进行描述：

$$\frac{\sigma_u}{u_*} = \alpha\left(1 - \beta\frac{z}{L}\right)^{-1/3} \quad \text{或} \quad \frac{\sigma_u}{\bar{u}} \propto \frac{z}{L}.$$

前者是水平纵向风速归一化标准差，后者是湍流强度.

对于大气参数不同统计规律，当采用适当的无量纲参量（如 u_*，L）做归一化时，其结果为普适函数 $f(z/L)$，这是事实. 对一些湍流特征量，如方差、协方差、垂直风速、温度、湿度等的结果还依赖于表面边条件. 例如，风速廓线包括了地表粗糙度 z_0.

例 2 给出湍流动能守恒方程各项与稳定度参数的关系.

解 湍流动能守恒方程为

$$\frac{\partial \bar{e}}{\partial t} = \frac{g}{\theta_v}\overline{w'\theta_v'} - \overline{u'w'}\frac{\partial \bar{u}}{\partial z} - \frac{\partial(\overline{w'e})}{\partial z} - \frac{1}{\bar{\rho}}\frac{\partial(\overline{w'p'})}{\partial z} - \varepsilon.$$

对上式用 $u_*^3/(\kappa z)$ 进行无量纲化处理，有

$$\varphi_t = \varphi_m - z/L - \varphi_T - \varphi_P - \varphi_\varepsilon, \tag{5.2.5}$$

其中 φ_t, φ_T 和 φ_P 分别为时间项、湍流动能垂直搬运项和压力脉动项的无因次结果，φ_m 为风速廓线关系的稳定度修正因子（见5.3节），$\varphi_\varepsilon = \dfrac{kz\varepsilon}{u_*^3}$ 为无因次湍

流动能耗散率. 在定常条件下, 有 $\varphi_t = 0$. 人们对方程(5.2.5)中两个高阶项 φ_T 和 φ_P 的了解相对很少, 常常把两者同时考虑, 合并为 $\varphi_D = \varphi_T + \varphi_P$. 这时, 湍流能量方程写成

$$\varphi_\varepsilon = \varphi_m - z/L - \varphi_D. \qquad (5.2.6)$$

由下面的讨论可知, 无量纲化后的湍流动能守恒方程各项均可以表示为稳定度参数 z/L 的函数形式.

方程(5.2.5)和方程(5.2.6)中的湍流动能耗散率 φ_ε 是湍流能量方程中最重要的, 也是最不确定的项之一. Wyngaard 和 Cote(1971)通过 1968 年美国 Kansas 草原大气湍流实验(简称 Kansas 实验)的测量结果, 给出了不稳定层结条件下 φ_ε 有如下的函数关系:

$$\varphi_\varepsilon = \left[1 + \beta(z/L)^{2/3} \right]^{3/2}, \qquad (5.2.7)$$

其中系数 β 一般取 0.5 (Champagne *et al.* , 1977; McBean, Elliott, 1975; Frenzen, Vogel, 1992), 也有人认为 $\beta = 0.75$ (Caughey, Wyngaard, 1979). Oncley 等(1990)发现湍流动能耗散率 φ_ε 的结果偏小 20%; Hogstrom(1990)的结果显示湍流动能耗散率 φ_ε 比湍流动能的产生率小 25%, 为了维持能量平衡, 辐散传输项必须有正的贡献. Hogstrom(1988)给出了瑞典南部草地不稳定层结和近中性层结下的表达式, 为

$$\varphi_\varepsilon = 1.24\left[(1 - 19z/L)^{-1/4} - z/L \right]. \qquad (5.2.8)$$

对于稳定层结, Wyngaard 和 Cote(1971)给出如下公式:

$$\varphi_\varepsilon = \left[1 + 2.5(z/L)^{3/5} \right]^{3/2}; \qquad (5.2.9)$$

Hogstrom(1988)给出了如下线性关系:

$$\varphi_\varepsilon = 1.24 + 4.7z/L. \qquad (5.2.10)$$

Oncley 等(1990)发现弱稳定层结下 φ_ε 的数值比上式结果偏小. 由于稳定层结下, 相对较弱的湍流收支项很难得到较准确测量, 相应的 φ_ε 的讨论和验证并不多见. 图 5.2.1 是 Frenzen 和 Vogel(2001)给出的湍流动能耗散率 φ_ε 随稳定度参数 z/L 的变化关系, 其中实线为实验估测值, 点划线为湍流动能产生率.

方程(5.2.5)中另外两个高阶项 φ_T 和 φ_P 相对复杂. Wyngaard 和 Cote (1971)发现垂直搬运项 φ_T 对湍流动能的输运率恰好抵消浮力的产生, 即湍流动能从不稳定边界层顶向上的输运等于地表浮力产生的湍流动能; Maitani (1978)给出水稻田地区的湍流动能直接向下输送; Bradley 等(1981)发现较低的小麦田上方的 φ_T 向上输运湍流动能. 另外, Bradley 等(1986, 1991)通过风洞实验分析了有植被地区 φ_T 如何搬运多余的湍流动能.

相对于(5.2.5)式其他项, 压力脉动项 φ_P 在不稳定层结下对湍流动能平衡有着非常大的贡献. 对此的了解也最少. McBean 等(1971)发现 $\varphi_T + \varphi_p$ 在

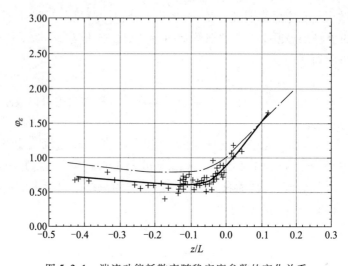

图 5.2.1　湍流动能耗散率随稳定度参数的变化关系

实线：实验估测值；点划线：湍流动能产生率（引自 Frenzen, Vogel, 2001）

湍流动能守恒方程中不能被忽略，并于 1975 年证实了不稳定层结下 φ_P 对湍流动能的明显贡献，弱不稳定时 φ_P 的贡献基本被 φ_T 抵消.

　　事实上，由于近地面层湍流能量产生和耗散两种机制的尺度有所不同，很大一部分湍能可以通过 φ_T 向上输送到湍能产生较慢的区域，最终耗散掉. 不同下垫面的实验结果显示湍流动能输送的大小相近.

　　由于使用条件的限制，莫宁-奥布霍夫相似性理论仅仅适用于近地面层，而对其他高度的大气湍流规律可以采用其他的相似性理论. 表 5.2.1 给出了相关的相似性理论、适用范围和常用的特征尺度.

表 5.2.1　相似性理论对比一览表

相似性类别	适用范围	特征尺度
莫宁-奥布霍夫相似性	近地面层，$u \neq 0$，$u_* \neq 0$	$L, z_0, u_*, \theta_*, q_*$
混合层相似性	无风或轻风的自由对流	z_i, w_*, θ_*, q_*
局地相似性	静力稳定层结	L, u_*, θ_*, q_*
局地自由相似性	静力不稳定层结	z, u_*, θ_*, q_*
Rossby 相似性	大尺度模拟	表面尺度和边界层尺度

注：z_i 为大气边界层高度，w_* 为对流速度尺度.

5.3　近地面层通量-廓线关系

5.3.1　近地面层通量-廓线关系

地面层通量-廓线关系是莫宁-奥布霍夫相似性理论在近地面层湍流分析中的直接应用. 无量纲化后的风速、温度和湿度随高度的变化可表示为

$$\frac{\kappa z}{u_*}\frac{\partial \overline{u}}{\partial z} = \varphi_m\left(\frac{z}{L}\right), \qquad (5.3.1)$$

$$\frac{\kappa z}{\theta_*}\frac{\partial \overline{\theta}}{\partial z} = \varphi_h\left(\frac{z}{L}\right), \qquad (5.3.2)$$

$$\frac{\kappa z}{q_*}\frac{\partial \overline{q}}{\partial z} = \varphi_q\left(\frac{z}{L}\right). \qquad (5.3.3)$$

当大气呈中性层结时, 有 $\varphi_m(0) = \varphi_h(0) = \varphi_q(0) = 1$. 方程(5.3.1) ~ (5.3.3)中, 除 von Karman 常数 κ 外, 只包含气象要素、高度和气象要素的通量. 因此, 方程(5.3.1) ~ (5.3.3)也称为通量-廓线关系.

根据奥布霍夫长度 L 和梯度理查孙数 R_i 的定义以及雷诺平均方程, 可推导出 z/L 和梯度理查孙数 R_i 或通量理查孙数 R_f 连续单值的对应关系. 以 R_i 为例, 有

$$R_i = \frac{g}{\theta}\frac{\dfrac{\partial \overline{\theta}}{\partial z}}{\left(\dfrac{\partial \overline{u}}{\partial z}\right)^2} = \frac{z}{L}\varphi_h\varphi_m^{-2}. \qquad (5.3.4)$$

这再次表明, 无量纲量 z/L 是近地面层稳定度的判据.

令 $\zeta = z/L$, 对(5.3.1) ~ (5.3.3)式进行积分, 得到通量-廓线关系的积分形式. 以风速为例, 具体过程如下:

$$\frac{\kappa z}{u_*}\frac{\partial \overline{u}}{\partial z} = 1 - [1 - \varphi_m(\zeta)],$$

则

$$\partial \overline{u} = \frac{u_*}{\kappa}\left[\frac{\partial z}{z} - \frac{1 - \varphi_m(\zeta)}{\zeta}\partial \zeta\right] = \frac{u_*}{\kappa}\left\{\frac{\partial z}{z} - [1 - \varphi_m(\zeta)]\frac{\partial \zeta}{\zeta}\right\}.$$

对上式求积分:

$$\int_0^{\overline{u}}\partial \overline{u} = \frac{u_*}{\kappa}\left\{\int_{z_0}^z \frac{\partial z}{z} - \int_{\zeta_0}^\zeta [1 - \varphi_m(\zeta)]\partial \ln\zeta\right\},$$

定义

$$\psi_m(\zeta) = \int_{\zeta_0}^\zeta [1 - \varphi_m(\zeta)]\partial \ln\zeta, \qquad (5.3.5)$$

则风速的通量-廓线关系(简称风速廓线关系或风速廓线)的积分形式表示为

$$\bar{u} = \frac{u_*}{\kappa} \Big[\ln \frac{z}{z_0} - \psi_m(\zeta) \Big], \qquad (5.3.6)$$

其中 $\psi_m(\zeta)$ 是风速廓线关系积分形式的稳定度修正函数; $\zeta_0 = z_0/L$, z_0 是地表空气动力学参数——地表粗糙度, 其含义是风速廓线关系中平均风速等于零的高度. 同样, 可给出温度廓线和湿度廓线的积分形式:

$$\bar{\theta} - \bar{\theta}_0 = \frac{\theta_*}{\kappa} \Big[\ln \frac{z}{z_{0h}} - \psi_h(\zeta) \Big], \qquad (5.3.7)$$

$$\bar{q} - \bar{q}_0 = \frac{q_*}{\kappa} \Big[\ln \frac{z}{z_{0q}} - \psi_q(\zeta) \Big], \qquad (5.3.8)$$

其中 z_{0h} 和 z_{0q} 分别是地表热力粗糙度和地表水汽粗糙度, 而

$$\psi_h(\zeta) = \int_{\zeta_0}^{\zeta} \big[1 - \varphi_h(\zeta) \big] \partial \ln \zeta, \qquad (5.3.9)$$

$$\psi_q(\zeta) = \int_{\zeta_0}^{\zeta} \big[1 - \varphi_q(\zeta) \big] \partial \ln \zeta. \qquad (5.3.10)$$

对中性层结, 由于有

$$\varphi_m(0) = \varphi_h(0) = \varphi_q(0) = 1,$$

则

$$\psi_m(0) = \psi_h(0) = \psi_q(0) = 0.$$

5.3.2　近地面层通量-廓线关系普适函数的确定

在均匀、定常假设条件下, 依据莫宁-奥布霍夫相似性理论, 建立的气象要素廓线规律满足通量-廓线关系, 是稳定度参数 z/L 的普适函数. 但令人遗憾的是, 目前通量-廓线关系中的普适函数和常数仍无公认和统一的表达形式. 同时, 地表粗糙度的确定和复杂下垫面零值位移的确定也存在一定的不确定性.

早期的通量-廓线关系具有经验性质, 是莫宁和奥布霍夫于 20 世纪 50 年代在没有地面切应力 τ 和地面感热通量 H 测量的条件下, 利用风速和温度廓线测量, 结合特殊的半经验假设进行推导得到的. 随着大气探测技术的迅速发展, 直接获取湍流通量变得"普及". 基于实测资料, 确定的稳定度修正函数 $\varphi_m(\zeta)$, $\varphi_h(\zeta)$ 的表达式具有更好的普适性.

数学上, 通量-廓线关系的普适函数 $\varphi_\alpha(\zeta)(\alpha = m, h, \cdots)$ 可以用泰勒级数近似展开(Monin, Obukhov, 1954). 以动量普适函数(即动量稳定度修正函数)$\varphi_m(\zeta)$ 为例, 即

$$\varphi_m(\zeta) = 1 + \beta_1\zeta + \beta_2\zeta^2 + \cdots. \tag{5.3.11}$$

基于 1946 年 Obukhov 以及 Kaimal，Elliot，Yamamoto，Panofsky 和 Sellers 等多位科学家的研究结果，Businger(1988) 和 Panofsky(1963) 给出了所谓的 O'KEYPS 函数：

$$[\varphi_m(\zeta)]^4 - \gamma\zeta[\varphi_m(\zeta)]^3 = 1, \tag{5.3.12}$$

其中 γ 为系数. 在不稳定层结下，方程(5.3.12)解的形式为

$$\varphi_m(\zeta) = (1 + \gamma\zeta)^{-1/4}, \tag{5.3.13}$$

其中系数 γ 可通过试验获取. (5.3.13)式被称为 Dyer-Businger 关系，是普适函数最常用的形式之一.

在稳定层结下，风速廓线形式满足线性无因次关系形式：

$$\varphi_m = 1 + \delta(z/L). \tag{5.3.14}$$

同样，上式中的系数 δ 可通过试验获取.

可见，近地面层大气层结状态对普适函数的影响可以用稳定度参数 $\zeta = z/L$ 来描述. 满足平坦、均一、定常条件的大气湍流运动，其普适函数通常的适用范围是 $-1 < \zeta < 1$(表 5.3.1). 对于 $\zeta > 1$ 的稳定层结，大气湍流运动存在一个与高度无关的尺度，此时的湍流涡旋大小不再取决于距地面的高度，而取决于奥布霍夫长度.

表 5.3.1　近地面层的大气层结与无量纲参数 ζ 和普适函数 $\varphi_m(\zeta)$ 的关系
(引自 Foken，2008)

大气层结	特征	ζ	$\varphi_m(\zeta)$
不稳定层结	自由对流，与 u_* 无关	$\zeta < -1$	无定义
	取决于 u_*，θ_*	$-1 < \zeta < 0$	$\varphi_m(\zeta) < 1$
中性	取决于 u_*	$\zeta \sim 0$	$\varphi_m(\zeta) = 1$
稳定层结	取决于 u_*，θ_*	$0 < \zeta < 0.5 \sim 2$	$1 < \varphi_m(\zeta) < 3 \sim 5$
	不依赖于 z	$0.5 \sim 1 < \zeta$	$\varphi_m(\zeta) \sim$ 常数 $3 \sim 5$

目前，常用的 Dyer-Businger 关系是 Businger 等(1971)利用 Kansas 实验资料获得的，后来 Wieringa(1980) 和 Hogstrom(1988)等对其做了修正，包括后文提到的 von Karman 常数，由原来的 $\kappa = 0.35$ 订正为现在普遍采用的 $\kappa = 0.40$. 表 5.3.2 给出了不同作者给出的动量普适函数 φ_m 的表达式.

表 5.3.2　不同作者给出的动量普适函数 φ_m 的表达式一览表

大气层结	作者	von Karman 常数 κ	动量普适函数 φ_m
不稳定层结	Dyer et al. (1970)	$\kappa = 0.41$	$\varphi_m = (1 - 16\zeta)^{-1/4}$
	Businger et al. (1971)	$\kappa = 0.35$	$\varphi_m = (1 - 15\zeta)^{-1/4}$
	Dyer (1974)	$\kappa = 0.41$	$\varphi_m = (1 - 16\zeta)^{-1/4}$
	Wieringa (1980)	$\kappa = 0.41$	$\varphi_m = (1 - 22\zeta)^{-1/4}$
	Dyer, Bradley (1982)	$\kappa = 0.40$	$\varphi_m = (1 - 28\zeta)^{-1/4}$
	Hogstrom (1988)	$\kappa = 0.40$	$\varphi_m = (1 - 19\zeta)^{-1/4}$
	Oncley et al. (1990)		$\varphi_m = (1 - 15\zeta)^{-1/4}$
	Frenzen, Vogel (1992)	$\kappa = 0.387$	$\varphi_m = (1 - 22.6\zeta)^{-1/4}$
	Zhang et al. (1993)	$\kappa = 0.39$	$\varphi_m = (1 - 28\zeta)^{-1/4}$
	Foken (2008)		$\varphi_m = (1 - 19.3\zeta)^{-1/4}$
稳定层结	Webb (1970)	$\kappa = 0.41$	$\varphi_m = 1 + 5\zeta$
	Businger et al. (1971)	$\kappa = 0.35$	$\varphi_m = 1 + 4.7\zeta$
	Dyer (1974)	$\kappa = 0.41$	$\varphi_m = 1 + 5\zeta$
	Wieringa (1980)	$\kappa = 0.41$	$\varphi_m = 1 + 6.9\zeta$
	Hogstrom (1988)	$\kappa = 0.40$	$\varphi_m = 1 + 4.8\zeta$
	Oncley et al. (1990)		$\varphi_m = 1 + 8.1\zeta$
	Zhang et al. (1993)	$\kappa = 0.39$	$\varphi_m = 1 + 5\zeta$
	Foken (2008)		$\varphi_m = 1 + 6\zeta$

　　(5.3.13)式和(5.3.14)式中的比例系数 γ，δ 和指数并不唯一，有一定的取值范围(表 5.3.2)．在不稳定层结下，z/L 很小时，φ_m 对系数 γ 不敏感，但是随着不稳定程度的增加，φ_m 较强地依赖于系数 γ 的取值．例如，当稳定度参数 $z/L = -1$ 时，若系数 γ 从 15 增加到 28，则 φ_m 变化了 15%．实际上，由于对稳定度参数 z/L 的依赖关系，系数 γ 的数值应是从较宽范围的不稳定层结下风速廓线测量资料获取的．早期的研究结果低估了系数 γ 的数值，一般认为是用于风廓线测量的风杯风速仪存在过高响应所致．另外，对方程(5.3.13)中的指数，有人建议在自由对流情况下取 $-1/3$ (Carl et al., 1973；Troen,

Mahrt，1986）.

类似地，对温度的通量-廓线关系，有

不稳定层结：

$$\varphi_h = \left[1 - \gamma'(z/L) \right]^{-1/2};\qquad (5.3.15)$$

稳定层结：

$$\varphi_h = a + \delta'(z/L).\qquad (5.3.16)$$

同样，系数 γ' 和 δ' 也不唯一，方程（5.3.15）中的指数一般取 $-1/2$. 表 5.3.3 给出了不同作者在不同时期关于温度普适函数 $\varphi_h(\zeta)$ 的研究结果.

表 5.3.3　不同作者给出的温度普适函数 φ_h 的表达式一览表

大气层结	作者	von Karman 常数 κ	$\varphi_h(\zeta)$ 普适函数
不稳定层结	Dyer *et al.*（1970）	$\kappa = 0.41$	$\varphi_h = (1 - 16\zeta)^{-1/2}$
	Businger *et al.*（1971）	$\kappa = 0.35$	$\varphi_h = 0.74(1 - 9\zeta)^{-1/2}$
	Carl *et al.*（1973）	$\kappa = 0.40$	$\varphi_h = 0.74(1 - 16\zeta)^{-1/2}$
	Dyer（1974）	$\kappa = 0.41$	$\varphi_h = (1 - 16\zeta)^{-1/2}$
	Wieringa（1980）	$\kappa = 0.41$	$\varphi_h = (1 - 13\zeta)^{-1/2}$
	Dyer，Bradley（1982）	$\kappa = 0.40$	$\varphi_h = (1 - 14\zeta)^{-1/2}$
	Hogstrom（1988）	$\kappa = 0.40$	$\varphi_h = (1 - 12\zeta)^{-1/2}$
	Zhang *et al.*（1993）	$\kappa = 0.39$	$\varphi_h = (1 - 20\zeta)^{-1/2}$
	Foken（2008）		$\varphi_h = 0.95(1 - 11\zeta)^{-1/2}$
稳定层结	Webb（1970）	$\kappa = 0.41$	$\varphi_h = 1 + 5\zeta$
	Businger *et al.*（1971）	$\kappa = 0.35$	$\varphi_h = 0.74 + 4.7\zeta$
	Dyer（1974）	$\kappa = 0.41$	$\varphi_h = 1 + 5\zeta$
	Wieringa（1980）	$\kappa = 0.41$	$\varphi_h = 1 + 9.2\zeta$
	Hogstrom（1988）	$\kappa = 0.40$	$\varphi_h = 1 + 7.8\zeta$
	Zhang *et al.*（1993）	$\kappa = 0.39$	$\varphi_h = 1 + 5.1\zeta$
	Foken（2008）		$\varphi_h = 0.95 + 7.8\zeta$

同样作为标量，一般认为湿度的通量-廓线关系和普适函数具有与温度的通量-廓线关系和普适函数相同的表达形式.

Yaglom（1977）对不同形式的通量-廓线关系进行了评论比较，认为它们之间的差异是明显的，重要原因来自于实验观测的误差. 缘于怀疑不同的实验观测是造成不同结果的原因之一，来自五个国家的科研小组于 1976 年在澳大利亚进行了一次湍流仪器水平比较实验（ITEC）（Dyer *et al.*, 1982）. 比较实验结果的确表明，不同湍流仪器给出的观测结果是不同的. 在对各种可能的误差做了订正后，尽管仍存在许多差异，但观测结果趋于一致. 例如，引起观测误差的主要原因之一的"流场畸变"，作为一级近似，被"倾斜订正"的方法进行了修正（Hogstrom, 1988）. Wyngaard（1981）从理论上阐明了湍流仪器传感器引起流场畸变的动力特性. Hogstrom（1982）对湍流仪器做了精细的风洞测量，得到：不进行"倾斜订正过程"补偿时，动力作用将对各种湍流统计结果引起显著的误差. 设计更先进的仪器构造可以减小传感器导致的流场畸变. Hogstrom（1988）利用 1986 年瑞典南部的大气湍流实验资料，对各种可能出现的观测误差做了修正，得到：在不稳定和弱稳定层结下，近地面层动量通量和感热通量的常通量假设在 14 m 高度处约有 ±7% 的误差；在稳定层结下，6 m 到 14 m 高度之间的湍流通量数值系统减小. 通量–廓线关系中，中性层结下的 φ_h 取值可由 0.74 或 1 修正为 0.95 ±0.04. 但导致中性层结下 φ_m 和 φ_h 结果不一致，这从物理上无法解释. Hogstrom 只好将其归结为近中性条件下实验数据相对更加离散.

Foken（2008）推荐和列举了大量的普适函数，同时认为归一化是普适函数在使用过程中存在的一个难题. 同时，Foken（2008）转述了 Skeib（1980）的结果：将大气边界层分为动力副层（不受层结的影响）和地面层，也可以给出普适函数. 然而，区分这两层需要使用阈值，这导致函数不连续，但对其积分可以得到在物理上有合理解释的函数形式.

稳定层结下的普适函数的确定比较困难. 表 5.3.2 和表 5.3.3 列出的普适函数有可能低估了湍流交换过程. 将普适函数近似为一个常数的做法，也恰恰证明了 z 为独立尺度. Handorf 等（1999）得到南极地区 $\zeta > 0.6$ 时的普适函数近似为常数：$\varphi_m \sim 4$.

Foken（2008）给出了稳定层结下，不同稳定度区间的普适函数的相对误差：$z/L < 0.5$ 对应 $|\Delta\varphi_m| < 20\%$ 和 $|\Delta\varphi_h| < 10\%$；$z/L > 0.5$ 对应 φ_m，φ_h 近似为常数. 另外，还有许多大气参量对普适函数有影响，如混合层高度的影响（Johansson *et al.*, 2001）. 这意味着，近地面层的大气湍流运动过程可能会受整个大气边界层的影响.

图 5.3.1 和图 5.3.2 分别给出了 φ_m 与 ζ 和 φ_h 与 ζ 的对应关系（Businger *et al.*, 1971）.

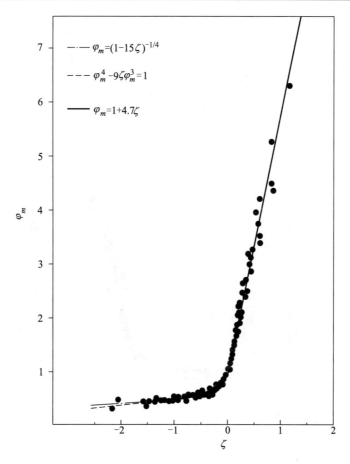

图 5.3.1　φ_m 与 ζ 的对应关系(引自 Businger *et al.*, 1971)

5.3.3　近地面层近中性层结下的通量-廓线关系

近地面层近中性层结下，风速梯度 $\dfrac{\partial u}{\partial z}$ 由摩擦速度 u_* 和高度 z 决定，有

$$f\left(\frac{\partial u}{\partial z}, z, u_*\right) = 0.$$

根据 π 定理，做量纲分析，有

$$\pi = \left(\frac{\partial u}{\partial z}\right)^\alpha u_*^\beta z^\gamma = L^\alpha t^{-\alpha} L^{-\alpha} L^\beta t^{-\beta} L^\gamma,$$

同时要满足

$$\alpha - \alpha + \beta + \gamma = 0,$$
$$-\alpha - \beta = 0.$$

取 $\alpha = 1$，$\beta = -1$，$\gamma = 1$，则推导出近中性层结下，普适函数的数值为

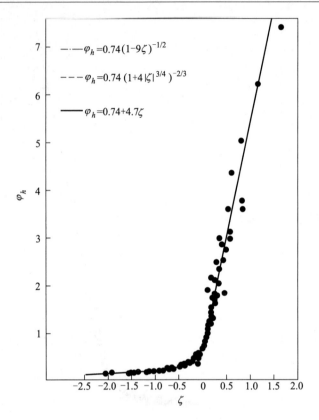

图 5.3.2 φ_h 与 ζ 的对应关系(引自 Businger *et al.*, 1971)

$$\pi \propto \frac{z}{u_*}\frac{\partial u}{\partial z} \propto \frac{\kappa z}{u_*}\frac{\partial u}{\partial z} = 1 = \varphi_m(0).$$

5.3.4　von Karman 常数 κ

　　近地面层通量-廓线关系中的 von Karman 常数 κ 是影响结果的重要参数之一,该常数的修正将导致普适函数需要重新计算.

　　长久以来,科学家一直从不同学科角度对大气边界层 von Karman 常数 κ 的取值进行讨论. 不同的结果通过不同时期、不同地区的实验分析不断被报道,有些甚至来自相同的科研组. Tennekes(1982)曾说过:有关 von Karman 常数 κ 的正确取值问题被讨论了 50 年. 1930 年,认为 $\kappa = 0.36$;同年晚些时候,Nikuradse 给出实验结果 $\kappa = 0.44$. 可以认为 $\kappa = 0.4 \pm 0.04$ 代表了当时的研究结果. 事实上,中性层结下($\varphi_m = 1$),利用结果 $\kappa = 0.4 \pm 0.04$ 和方程(5.3.1)计算摩擦速度 u_*,其结果会有 10% 的不确定性,相应的表面切应力 τ 有 20% 的不确定性.

表 5.3.4 给出了关于 von Karman 常数 κ 的研究结果. Tennekes(1973)认为, von Karman 常数 κ 是 Rossby 数的函数, 其渐近为一普适常数的表现形式仅仅是非常特殊情形下的渐近形式, 而一般条件下的数值应高约 10%, 其渐近极限对应的 κ 数值为 0.34 或 0.33, 此时对应的雷诺数非常大. 可以认为平坦地形条件下, 微气象学应用意义的数值为 $\kappa = 0.35 \pm 0.01$. Purtell 等(1981)的实验结果表明, $\kappa = 0.41$ 不随雷诺数变化而变化. Hogstrom(1988)选取了三种不同的下垫面($z_0 = 1, 7.5, 24$ mm), Rossby 数的范围在 $2.5 \times 10^6 \sim 6.5 \times 10^7$ 之间的湍流观测资料, 计算得到 $\kappa = 0.40 \pm 0.01$, 与表面 Rossby 数无关. Frenzen 和 Vogel(1992)也指出 κ 的数值与 Rossby 数无关. 但是, Businger (1993)在日本京都举行的 HEIFE(黑河地区地-气相互作用野外观测实验研究)的学术会议上发言指出: NCAR 和 Riso 的最新研究成果认为 κ 的取值与粗糙雷诺数($R = u_* z_0 / \nu$)有关, 随着 R 的增加而减小, 即 κ 随着风速或地表粗糙度 z_0 的增加而减小. 然而, 前人研究结果并未显示 κ 的取值与地表状况有明显的对应关系. 图 5.3.3 和图 5.3.4 分别给出了 Wyoming 实验中不同观测高度和不稳定条件下 κ 的数值(Frenzen, Vogel, 1992).

表 5.3.4 不同作者给出的 von Karman 常数 κ 一览表

作者	von Karman 常数 κ
Monin, Obukhov(1954)	0.43
Dyer *et al.* (1970)	0.41
Webb (1970)	0.41
Businger *et al.* (1971)	0.35
Pruitt *et al.* (1973)	0.42
Dyer (1974)	0.41
Hogstrom, Smedman-Hogstrom(1974)	0.35
Yaglom(1977)	0.40
Wieringa (1980)	0.41
Dyer, Bradley(1982)	0.40
Hogstrom (1985)	0.40 ± 0.01
Hogstrom (1988)	0.40 ± 0.01
Zhang *et al.* (1988)	0.40
Frenzen, Vogel (1992)	0.387 ± 0.016
Zhang *et al.* (1993)	0.39 ± 0.01
Andreas *et al.* (2004)	0.387 ± 0.004

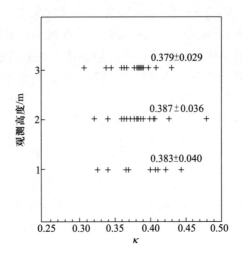

图 5.3.3　Wyoming 实验中不同观测高度得到的 κ 数值(引自 Frenzen, Vogel, 1992)

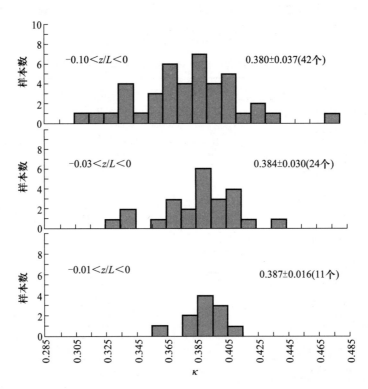

图 5.3.4　Wyoming 实验中不稳定条件下 κ 的数值(引自 Frenzen, Vogel, 1992)

早期 κ 的取值较为宽松, 在 0.35 ~ 0.41 之间; 以后集中在 0.38 ~ 0.41 之

间. Businger(1993)指出 κ 取值在 $0.35 \sim 0.40$ 之间. 出现不同结果的原因可以归结为：实验观测误差和曲线拟合时人为的主观因素所致. 综观表5.3.4，除了 Businger 等(1971)给出 $\kappa = 0.35$ 外，随着观测时间的推移，κ 取值呈减小趋势，较近期的结论基本稳定在 $\kappa = 0.39 \sim 0.40$. 这应与观测仪器性能和人们认识的提高有关.

5.3.5 利用非中性层结资料确定 von Karman 常数 κ

理论上，由近中性层结的风速廓线关系 $\dfrac{\kappa z}{u_*} \dfrac{\partial u}{\partial z} = 1$，结合同步观测的摩擦速度 u_*，可计算 von Karman 常数 κ. 但实际中，大气出现近中性层结的时段很少，且多数不满足定常条件. 由此，有必要探究利用非中性层结资料确定 von Karman 常数 κ.

步骤1 对于经过质量控制的风速廓线观测资料，利用差分近似代替微分计算风速梯度，有

$$\frac{\partial u}{\partial z}\bigg|_{z=z_1}^{z=z_2} = \frac{u_2 - u_1}{(z_1 z_2)^{1/2} \ln(z_2/z_1)}, \tag{5.3.17}$$

其中 u_1 和 u_2 分别代表高度 z_1 和 z_2 的风速.

步骤2 给出无因次风速梯度函数 $\dfrac{\varphi_m}{\kappa} = \dfrac{z}{u_*} \dfrac{\partial u}{\partial z}$ 随稳定度参数 $\dfrac{z}{L}$ 的变化关系. 按不稳定层结和稳定层结两种情形分别进行拟合. 应用 Dyer 和 Bradley(1982)提供的方法，引入 $L' = \kappa L$ 这一变换关系，得到不稳定层结和稳定层结下最小二乘法的拟合形式分别为

$$\frac{\varphi_m}{\kappa} = \frac{1}{u_*} \frac{\Delta u}{\Delta \ln z} = \frac{(1 - \gamma z/L')^{-1/4}}{\kappa}, \tag{5.3.18}$$

$$\frac{\varphi_m}{\kappa} = \frac{1}{u_*} \frac{\Delta u}{\Delta \ln z} = \frac{(1 - \delta z/L')}{\kappa}. \tag{5.3.19}$$

基于 Zhang 等(1988)的研究结果，不稳定层结下，方程(5.3.18)中的指数选取 $-1/3$ 或 $-1/4$ 对估算 κ 没有明显的影响，这里选取了 $-1/4$；稳定层结下，方程(5.3.19)采用了 $\dfrac{1}{u_*} \dfrac{\Delta u}{\Delta \ln z}$ 与 $\dfrac{z}{L}$ 呈线性关系的假设.

步骤3 分别从不稳定层结和稳定层结判断近中性层结的结果，并结合观测资料数量做出权重平均值，得到 von Karman 常数 κ.

图5.3.5给出了中国西北戈壁地区近中性层结下无因次风速梯度函数 φ_m/κ 随稳定度参数 z/L 的变化. 从不稳定层结和稳定层结两种大气状况下拟合得到的 κ 的数值比较接近. 可以认为，戈壁地区 von Karman 常数 κ 的取值

范围是 0.39 ± 0.01.

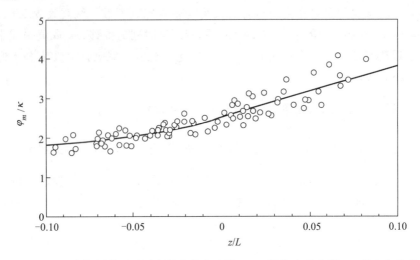

图 5.3.5   近中性层结下无因次风速梯度函数 φ_m/κ 随稳定度参数 z/L 的变化关系

（引自 Song *et al.*，2010）

5.3.6   通量-廓线关系普适函数确定的实例

仍以中国西北戈壁地区观测资料为例，继续方程（5.3.18）和方程（5.3.19）的拟合，得到系数 $\gamma = 28$ 和 $\delta = 5.1$. 图 5.3.6 给出了无因次风速梯度函数 φ_m/κ 随稳定度参数 z/L 的变化关系，其中不稳定层结区间对应符号"○"，相应的拟合曲线为 $(1 - 28z/L)^{-1/4}/\kappa$；稳定层结区间对应符号"●"，相应的拟合曲线为 $(1 + 5.1z/L)/\kappa$. 相应的拟合方程为

$$\text{不稳定层结：} \varphi_m = (1 - 28z/L)^{-1/4}; \qquad (5.3.20)$$

$$\text{稳定层结：} \varphi_m = 1 + 5.1z/L. \qquad (5.3.21)$$

类似地分析温度廓线. 图 5.3.7 给出了近中性层结下无因次温度梯度函数 φ_h/κ 随稳定度参数 z/L 的变化关系，其中拟合曲线在不稳定层结下为 $(1 - 20z/L)^{-1/2}/\kappa$，在稳定层结下为 $(1 + 5.1z/L)/\kappa$. 对比风速廓线曲线，图 5.3.7 所显示的数据点较少且较为离散，尤其是在非常靠近中性层结条件的区域. 其原因如下：

（1）计算温度差分时的最小高度间隔比风速的大；

（2）考虑近中性层结下，温度廓线的误差相应增大，温度梯度的数据质量控制需更加严格，φ_h 不仅依赖于摩擦速度 u_*，而且还依赖于感热通量 H；

（3）相比风速廓线，温度廓线的观测精度和分辨率较低.

尽管如此，从数据趋势以及不同稳定层结两边的拟合仍可以看出：中性层

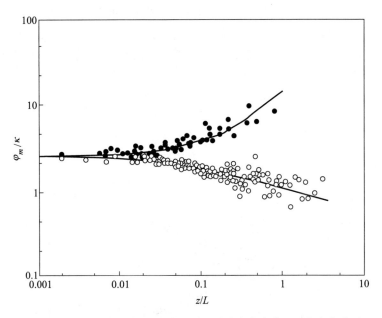

图 5.3.6 无因次风速梯度函数 φ_m/κ 随稳定度参数 z/L 的变化关系

○：不稳定层结，拟合曲线为 $(1-28z/L)^{-1/4}/\kappa$；●：稳定层结，拟合曲线为 $(1+5.1z/L)/\kappa$

（引自 Song *et al.*, 2010）

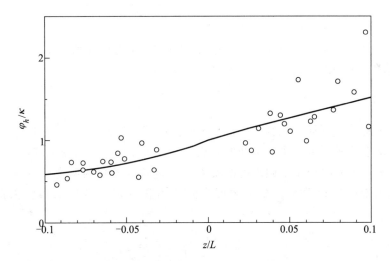

图 5.3.7 近中性层结下无因次温度梯度函数 φ_h/κ 随稳定度参数 z/L 的变化关系

拟合曲线：不稳定层结为 $(1-20z/L)^{-1/2}/\kappa$；稳定层结为 $(1+5.1z/L)/\kappa$

（引自 Song *et al.*, 2010）

结下，φ_h 的数值趋于 1，支持了 Hogstrom(1988) 的观点. 鉴于数据组数不多和离散性较大，宜利用更多的观测数据(而不是在较窄的稳定度范围内)进行无因次温度廓线关系的拟合，如图 5.3.8，这时得到不稳定层结和稳定层结的系数分别 $\gamma' = 20$ 和 $\delta' = 5.1$，对应的拟合方程为

$$\text{不稳定层结：} \varphi_h = (1 - 20z/L)^{-1/2}; \tag{5.3.22}$$

$$\text{稳定层结：} \varphi_h = 1 + 5.1z/L. \tag{5.3.23}$$

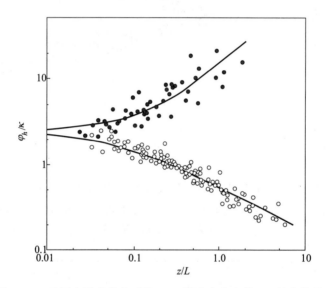

图 5.3.8　无因次温度梯度函数 φ_h/κ 随稳定度参数 z/L 的变化关系

∘：不稳定层结，拟合曲线为 $(1-20z/L)^{-1/2}/\kappa$；　•：稳定层结，拟合曲线为 $(1+5.1z/L)/\kappa$

(引自 Song *et al.*, 2010)

作为廓线资料质量控制，在计算不同高度的风速梯度或温度梯度时经常采取对实测廓线进行人工主观平均的方法. 为了验证这一方法的正确性，以温度为例，图 5.3.9 给出了不同高度的实测温度差除以各自的温度尺度 θ_* 与稳定度参数 $1/L$ 的变化关系，图中的拟合曲线为积分形式温度廓线关系的计算结果：

$$\frac{\theta_2 - \theta_1}{\theta_*} = \frac{1}{\kappa}\left[\ln\frac{z_2}{z_1} - \psi_h\left(\frac{z_2}{L}\right) + \psi_h\left(\frac{z_1}{L}\right) \right]. \tag{5.3.24}$$

实测值与计算值的一致性说明了对风速廓线或温度廓线进行主观平均的方法对计算结果没有本质影响.

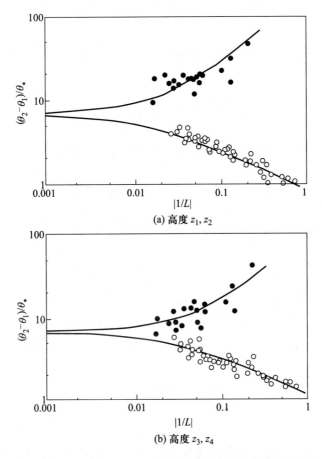

(a) 高度 z_1, z_2

(b) 高度 z_3, z_4

图 5.3.9　中国西北戈壁地区无因次温度差分的实验结果
"○"：不稳定层结；" ● "：稳定层结. 拟合曲线为方程(5.3.24)

5.4　空气动力学法计算湍流通量

由莫宁-奥布霍夫相似性理论，可以给出近地面层平均气象要素廓线与湍流通量的泛函关系. 对(5.3.1)~(5.3.3)式进行积分，统一取地表粗糙度 z_0 为下边界条件，得到风速廓线、温度廓线和湿度廓线的积分表达形式分别为

$$\bar{u} = \frac{u_*}{\kappa}\Big[\ln\frac{z}{z_0} - \psi_m\Big(\frac{z}{L}\Big)\Big],\qquad(5.4.1)$$

$$\overline{\theta} - \overline{\theta}_0 = \frac{\theta_*}{\kappa}\left[\ln\frac{z}{z_0} - \psi_h\left(\frac{z}{L}\right)\right], \tag{5.4.2}$$

$$\overline{q} - \overline{q}_0 = \frac{q_*}{\kappa}\left[\ln\frac{z}{z_0} - \psi_q\left(\frac{z}{L}\right)\right], \tag{5.4.3}$$

则

$$u_* = \kappa\overline{u}\Big/\left[\ln\frac{z}{z_0} - \psi_m\left(\frac{z}{L}\right)\right], \tag{5.4.4}$$

$$\theta_* = \kappa(\overline{\theta} - \overline{\theta}_0)\Big/\left[\ln\frac{z}{z_0} - \psi_h\left(\frac{z}{L}\right)\right], \tag{5.4.5}$$

$$q_* = \kappa(\overline{q} - \overline{q}_0)\Big/\left[\ln\frac{z}{z_0} - \psi_q\left(\frac{z}{L}\right)\right], \tag{5.4.6}$$

其中 z_0 高度处的平均风速、平均位温和平均比湿分别为 0, $\overline{\theta}_0$ 和 $\overline{q}_0$; $\psi_m\left(\frac{z}{L}\right) = \int_{\zeta_0}^{\zeta}\frac{1-\varphi_m}{\zeta}\mathrm{d}\zeta$, $\psi_h\left(\frac{z}{L}\right) = \int_{\zeta_0}^{\zeta}\frac{1-\varphi_h}{\zeta}\mathrm{d}\zeta$ 和 $\psi_q\left(\frac{z}{L}\right) = \int_{\zeta_0}^{\zeta}\frac{1-\varphi_q}{\zeta}\mathrm{d}\zeta$ 分别是风速廓线、温度廓线和湿度廓线的稳定度修正函数的积分形式, $\zeta = z/L$, $\zeta_0 = z_0/L$.

可以看出, 已知稳定度参数 z/L, 通过对不同高度的平均风速、平均温度和平均湿度的测量, 由 $(5.4.4)\sim(5.4.6)$ 式及稳定度修正因子即可计算 u_*, θ_* 和 q_*, 进而计算出相应的湍流通量:

$$\begin{cases} \tau = \rho u_*^2, \\ H = -\rho c_p u_* \theta_*, \\ LE = -\rho L_v u_* q_*. \end{cases} \tag{5.4.7}$$

稳定度参数 z/L 与总体理查孙数 R_{iB} 存在着一定的关系, R_{iB} 可以由观测资料获取, 因而只要确定出 z/L 与 R_{iB} 的关系, 就可方便地计算湍流通量. 由于观测技术等的限制, 地表温度(平均位温) $\overline{\theta}_0$ 和地表湿度(平均比湿) $\overline{q}_0$ 的获取存在一定困难, 实际上也是不可能的. 因为近地面通常存在较大的温度梯度和湿度梯度, 目前尚没有具有代表性的地表热力粗糙度(温度)和地表水汽粗糙度(湿度)的参数化方案. 实际应用中, 经常假设地表热力粗糙度和地表水汽粗糙度为地表粗糙度 z_0 的 10%. 或者, 采用 z_1 和 z_2 两个高度温度、湿度的差值以及 z_3 高度的风速来计算 u_*, θ_* 和 q_*, 从而得到动量通量、感热通量及潜热通量. $(5.4.1)\sim(5.4.3)$ 式可改写为

$$\overline{u}_3 = \frac{u_*}{\kappa}\left[\ln\frac{z_3}{z_0} - \psi_m\left(\frac{z_3}{L}\right) + \psi_m\left(\frac{z_0}{L}\right)\right], \tag{5.4.8}$$

$$\overline{\theta}_1 - \overline{\theta}_0 = \frac{\theta_*}{\kappa}\left[\ln\frac{z_1}{z_0} - \psi_h\left(\frac{z_1}{L}\right) + \psi_h\left(\frac{z_0}{L}\right)\right], \tag{5.4.9}$$

$$\overline{\theta}_2 - \overline{\theta}_0 = \frac{\theta_*}{\kappa}\left[\ln\frac{z_2}{z_0} - \psi_h\left(\frac{z_2}{L}\right) + \psi_h\left(\frac{z_0}{L}\right)\right], \tag{5.4.10}$$

$$\overline{q}_1 - \overline{q}_0 = \frac{q_*}{\kappa}\left[\ln\frac{z_1}{z_0} - \psi_q\left(\frac{z_1}{L}\right) + \psi_q\left(\frac{z_0}{L}\right)\right], \tag{5.4.11}$$

$$\overline{q}_2 - \overline{q}_0 = \frac{q_*}{\kappa}\left[\ln\frac{z_2}{z_0} - \psi_q\left(\frac{z_2}{L}\right) + \psi_q\left(\frac{z_0}{L}\right)\right]. \tag{5.4.12}$$

(5.4.9)式和(5.4.10)式,(5.4.11)式和(5.4.12)式两两相减,得

$$\overline{\theta}_2 - \overline{\theta}_1 = \frac{\theta_*}{\kappa}\left[\ln\frac{z_2}{z_1} - \psi_h\left(\frac{z_2}{L}\right) + \psi_h\left(\frac{z_1}{L}\right)\right], \tag{5.4.13}$$

$$\overline{q}_2 - \overline{q}_1 = \frac{q_*}{\kappa}\left[\ln\frac{z_2}{z_1} - \psi_q\left(\frac{z_2}{L}\right) + \psi_q\left(\frac{z_1}{L}\right)\right]. \tag{5.4.14}$$

定义总体理查孙数 R_{iB} 为

$$R_{iB} = \frac{g}{\overline{\theta}}\frac{z(\overline{\theta}_2 - \overline{\theta}_1)}{\overline{u}_3^2}, \tag{5.4.15}$$

则

$$R_{iB} = \frac{g}{\overline{\theta}}\frac{z(\overline{\theta}_2 - \overline{\theta}_1)}{\overline{u}_3^2} = \frac{z}{L}\frac{\left[\ln\frac{z_2}{z_1} - \psi_h\left(\frac{z_2}{L}\right) + \psi_h\left(\frac{z_1}{L}\right)\right]}{\left[\ln\frac{z_3}{z_0} - \psi_m\left(\frac{z_3}{L}\right) + \psi_m\left(\frac{z_0}{L}\right)\right]},$$

$$L = \frac{\overline{\theta}\,\overline{u}_3^2}{g(\overline{\theta}_2 - \overline{\theta}_1)}\frac{\left[\ln\frac{z_2}{z_1} - \psi_h\left(\frac{z_2}{L}\right) + \psi_h\left(\frac{z_1}{L}\right)\right]}{\left[\ln\frac{z_3}{z_0} - \psi_m\left(\frac{z_3}{L}\right) + \psi_m\left(\frac{z_0}{L}\right)\right]}.$$

这里 L 为隐函数. 具体计算过程中,先给定一个 L 的初值,再用迭代方法计算 L. 需要注意的是, L 在白天不稳定层结时的初值应该为负,夜间稳定层结时为正,近中性层结时应取无穷大. 将 L 的值代回(5.4.8)式、(5.4.13)式和 (5.4.14)式,利用已有的 z_1 和 z_2 两个高度的温度和湿度及 z_3 高度的风速资料,计算出 u_*, θ_* 和 q_*,再代入(5.4.7)式可计算出湍流通量.

迭代过程中,在中性及稳定层结下,某些 L 值会出现不收敛的情况. 此时,可以采用不考虑稳定度修正计算的 L 值代替.

实际应用中,也可以直接求解和计算稳定度修正因子,进而计算湍流通量. 选取 Dyer 和 Businger 推荐的普适函数形式,对其积分,得到风速廓线关系的稳定度修正函数如下:

不稳定层结下, $\zeta < 0$:

$$\psi_m(\zeta) = 2\ln\frac{1+x}{2} + \ln\frac{1+x^2}{2} - \arctan\left(x + \frac{\pi}{2}\right), \qquad (5.4.16)$$

其中 $x = (1 - 16\zeta)^{1/4}$;

稳定层结下, $\zeta > 0$:

$$\psi_m(\zeta) = -5\zeta. \qquad (5.4.17)$$

温度廓线关系的稳定度修正函数如下:

不稳定层结下, $\zeta < 0$:

$$\psi_h(\zeta) = 2\ln\frac{1+y}{2}, \qquad (5.4.18)$$

其中 $y = (1 - 16\zeta)^{1/2}$;

稳定层结下, $\zeta > 0$:

$$\psi_h(\zeta) = -5\zeta. \qquad (5.4.19)$$

关于稳定度修正函数, 同样认为湿度具有与温度一样的表达形式.

显而易见, (5.4.16) 式中的三角函数项在物理上是不符合实际的, 但该项相对较小, 对结果没有明显影响. 由 Dyer-Businger 关系得到的普适函数, 在中性层结下, 呈现出很好的渐近性; 在稳定层结下, 其积分结果过于简单.

5.5　湍流交换系数

湍流黏性率和湍流热传导率是表征近地面层湍流发展强弱程度的物理量. 各湍流通量对应的物理量可以写为

$$u_*^2 = K_m \frac{\partial \overline{u}}{\partial z},$$

$$u_* \theta_* = K_h \frac{\partial \overline{\theta}}{\partial z},$$

$$u_* q_* = K_q \frac{\partial \overline{q}}{\partial z}, \qquad (5.5.1)$$

其中 K_m, K_h 和 K_q 是湍流交换系数, 分别称为湍流黏性率、湍流热传导率和湍流扩散率. 一般约定: $\overline{u}$, $\overline{\theta}$ 和 $\overline{q}$ 向上增加时, $\frac{\partial \overline{u}}{\partial z}$, $\frac{\partial \overline{\theta}}{\partial z}$ 和 $\frac{\partial \overline{q}}{\partial z}$ 为正, 向上的热量和水汽输送为正. 近地面层动量总是向下输送, 约定为正. 相应地, 有

$$-\overline{u'w'} = K_m \frac{\partial \overline{u}}{\partial z} = u_*^2, \qquad (5.5.2)$$

$$\overline{w'\theta'} = -K_h \frac{\partial \overline{\theta}}{\partial z} = -u_* \theta_*, \qquad (5.5.3)$$

$$\overline{w'q'} = -K_q\frac{\partial\overline{q}}{\partial z} = -u_*q_*.\qquad(5.5.4)$$

根据通量-廓线关系的表达式, 得到湍流交换系数 K_m, K_h 和 K_q 的普遍表达式:

$$K_m = \kappa u_* z/\varphi_m(z/L),$$
$$K_h = \kappa u_* z/\varphi_h(z/L),$$
$$K_q = \kappa u_* z/\varphi_q(z/L).\qquad(5.5.5)$$

可以认为(5.5.5)式是湍流交换系数 K 的参数化过程. 不失一般性, 对 K 进行参数化需满足:

- 层流时, $K=0$;
- 地面 $z=0$ 处, $K=0$;
- K 的数值随湍流动能的增大而增大;
- K 随静力稳定度参数的变化而变化.

作为实例, 图 5.5.1 给出了内蒙古通辽地区 2004 年 3 月下旬近地面层湍流黏性率 K_m 和湍流热传导率 K_h 的变化特征. 可见, 湍流黏性率 K_m 和湍流热传导率 K_h 均有较明显的日变化特征, 极大值一般出现在正午附近. 白天热力湍流强于动力湍流, 湍流感热交换起主要作用.

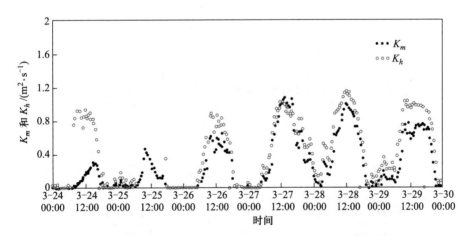

图 5.5.1　内蒙古通辽地区 2004 年 3 月下旬近地面层湍流交换系数的变化特征
(引自彭艳, 2005)

改写(5.5.2) ~ (5.5.4)式:

$$u_* = \sqrt{-\overline{u'w'}} = \kappa z\frac{\partial\overline{u}}{\partial z} = \kappa\frac{\partial\overline{u}}{\partial\ln z},\qquad(5.5.6)$$

$$\overline{w'\theta'} = -\alpha_0 \kappa u_* \frac{\partial \overline{\theta}}{\partial \ln z}, \qquad (5.5.7)$$

$$\overline{w'q'} = -\alpha_{0E} \kappa u_* \frac{\partial \overline{q}}{\partial \ln z}. \qquad (5.5.8)$$

考虑到动量、热量和水汽的扩散系数不相等,与(5.5.6)式不同,(5.5.7)式和(5.5.8)式引入了系数 α_0 和 α_{0E},分别代表热量扩散系数和水汽扩散系数与动量扩散系数之比. α_0 的倒数相当于分子交换的普朗特数 Pr,也称作湍流普朗特数:

$$Pr = \frac{\nu}{\nu_T}. \qquad (5.5.9)$$

于是

$$\alpha_0 = \frac{1}{Pr} = \frac{K_h}{K_m} \approx 1.25. \qquad (5.5.10)$$

类似地, α_{0E} 的倒数相当于水汽的分子扩散系数 D 的 Schmidt 数 Sc,也称作湍流 Schmidt 数:

$$Sc = \frac{\nu}{D}, \qquad (5.5.11)$$

$$\alpha_{0E} = \frac{1}{Sc} = \frac{K_q}{K_m} \approx 1.25. \qquad (5.5.12)$$

系数 α_0 和 α_{0E} 的确定需要廓线观测和通量观测的精确对比. 表 5.5.1 展示了不同作者给出的系数 α_0.

表 5.5.1　不同作者给出的系数 α_0 一览表(引自 Foken, 2008)

作者	α_0
Businger *et al.* (1971)	1.35
Wiernga (1980)	1.00
Hogstrom (1988)	1.05
Kader, Yaglom (1972)	1.15 ~ 1.39
Foken (2008)	1.25
Hogstrom (1996)	1.09 ± 0.04

5.6　Bowen 比

1926 年,Bowen 定义感热通量与潜热通量的比值为 Bowen 比:

$$B = \frac{H}{LE}. \tag{5.6.1}$$

将感热通量 $H = \rho c_p \overline{w'\theta'}$，潜热通量 $LE = \rho L_v \overline{w'q'}$，代入（5.6.1）式，有

$$B = \frac{\rho c_p \overline{w'\theta'}}{\rho L_v \overline{w'q'}}.$$

将（5.5.3）式和（5.5.4）式代入上式，有

$$B = \frac{c_p K_h \frac{\partial \overline{\theta}}{\partial z}}{L_v K_q \frac{\partial \overline{q}}{\partial z}}.$$

考虑运动学单位和能量单位之间的转换，并用差分代替微分，得到一个相对简单的关系式：

$$B = \frac{c_p K_h \Delta \overline{\theta}}{L_v K_q \Delta \overline{q}}.$$

假设温度和水汽的湍流交换系数相等，即 $K_h = K_q$，则

$$B = \frac{c_p \Delta \overline{\theta}}{L_v \Delta \overline{q}} = \frac{c_p}{L_v} \frac{p}{0.622} \frac{\Delta \overline{\theta}}{\Delta e} = \gamma \frac{\Delta \overline{\theta}}{\Delta e}, \tag{5.6.2}$$

其中在 $p = 1000\ \text{hPa}$，$\overline{\theta} = 293\ \text{K}$ 时，有湿度常数 $\gamma = 0.667$；e 是水汽压.

（5.6.2）式也称作 Bowen 比相似性，其意义在于通过 Bowen 比将感热通量和潜热通量的比值用两个高度的温度梯度和湿度梯度的比值代替和简化. 由此，湍流通量之比的计算转换成温度梯度和湿度梯度之比的计算，解决了较难获取的潜热通量的问题. 但 Bowen 比的引入具有局限性.

Bowen 比相似性的通用表达式为

$$\frac{F_x}{F_y} = \gamma \frac{\Delta x}{\Delta y}, \tag{5.6.3}$$

其中 F_x, F_y 分别是大气参量 x, y 的通量. 也就是说，两个通量之比值与两个高度之间的有关状态参量之差的比值存在比例关系.

如果大气状态参量 x 的通量已知，且可以获得高精度的大气状态参量 y（如某一痕量气体浓度）之差，同时满足大气参量 x 和 y 对应的湍流交换系数相等的假设条件，则可利用式（5.6.3）计算和确定大气参量 y 的通量. Businger（1986）称这种方法为 Bowen 比法.

5.7　逆梯度输送与湍流通量

根据莫宁-奥布霍夫相似性理论和通量-廓线关系，近地面层的动量、水

热、能量和物质的交换过程与相应大气参量的梯度成正比. 在复杂下垫面, 如森林地区, 由于大气参量梯度的变化, 可能产生湍流通量的辐合和辐散层, 实际观测到的湍流通量与大气参量的局地梯度的关系不满足通量-廓线关系, 而呈现相反的结果. 感热通量和潜热通量存在这样的情况, 物质通量如 CO_2 通量也可能存在类似的逆梯度输送现象. 这种现象称为逆梯度通量现象 (Denmead, Bradley, 1985; Foken, 2008, 转引). 尽管大气参量的通量垂直廓线由该参量的平均结构决定, 湍流通量中也可能包括由阵风和突发性引起的短时间输送, 但这种短时间输送对湍流通量廓线几乎没有影响. 对于相干结构等较大尺度湍涡, 应特别关注其对湍流通量的贡献. 图 5.7.1 显示了森林地区逆梯度对应的温度 $\bar{\theta}$, 混合比 $\bar{\gamma}$, 痕量气体浓度 $\bar{c}$, 以及感热通量 H, 潜热通量 LE 和痕量气体通量 F_c 的廓线. 图 5.7.2 给出了森林地区典型的风速廓线形式.

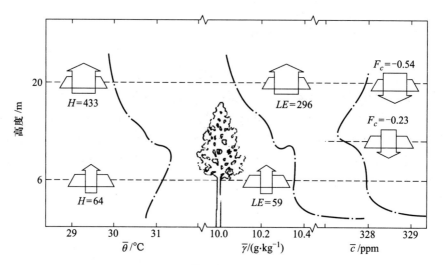

图 5.7.1　森林地区逆梯度对应的温度 $\bar{\theta}$, 混合比 $\bar{\gamma}$, 痕量气体浓度 $\bar{c}$, 以及感热通量 H,
潜热通量 LE 和痕量气体通量 F_c 的廓线 (引自 Foken, 2008)

　　森林地区不满足地表平坦、均一的条件, 莫宁-奥布霍夫相似性理论或梯度输送理论都不适用. 这时, 可采用超越理论、大涡模拟或高阶闭合方案进行相应的参数化. 逆梯度通量的现象不仅出现在森林地区, 也可能出现在近水面的气层或冰面, 这与分离效应有关 (Foken, 2008).

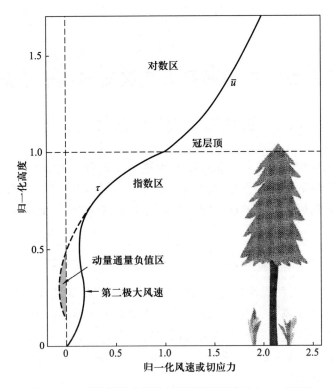

图 5.7.2 森林地区典型的风速廓线(引自 Foken，2008)

第六章 近地面层大气湍流与地表参数

6.1 近地面层大气湍流统计特征

风速、温度和湿度的归一化标准差也称为湍流统计特征（Tillman，1972），表征了对所有频率湍流信号进行统计分析的结果. 根据量纲和数量级分析，平稳条件下的三方向风速分量的湍流统计特征为常数（Panofsky，Dutton，1984），分别有

$$\frac{\sigma_u}{u_*} = 2.45, \quad \frac{\sigma_v}{u_*} = 1.9 \quad \text{和} \quad \frac{\sigma_w}{u_*} = 1.25.$$

莫宁-奥布霍夫相似性理论可以应用到近地面层湍流统计方差和湍流强度的描述. 近地面层风速、温度、湿度等气象要素的涨落规律遵从莫宁-奥布霍夫相似性理论. 支配气象要素涨落特征的要素包括：高度 z，奥布霍夫长度 L 和特征尺度（如摩擦速度 u_*，温度特征尺度 θ_*，湿度特征尺度 q_*）等. 通过第五章的推导，我们已经知道水平纵向风速归一化标准差表现为稳定度参数 z/L 的函数的形式. 类似地，可以推导出水平横向风速、垂直风速、温度和湿度的归一化标准差也是稳定度参数 z/L 的函数.

对于湍流统计特征而言，风速分量经常采用的形式为

$$\frac{\sigma_{u,v,w}}{u_*} = \alpha_1 \left(\frac{z}{L}\right)^{\alpha_2}, \tag{6.1.1}$$

这里 σ_u，σ_v，σ_w 统一用符号 $\sigma_{u,v,w}$ 来表示.

对于垂直风速，已有的参数化方案没有明显的差别. 在不稳定层结下，Panofsky 等（1977）推荐的经验公式为

$$\frac{\sigma_w}{u_*} = 1.3 \left(1 - 3\frac{z}{L}\right)^{1/3}; \tag{6.1.2}$$

Roth（1993）给出郊区下垫面类型的表达形式，但系数有所差异：

$$\frac{\sigma_w}{u_*} = 1.2 \left(1 - 2.5\frac{z}{L}\right)^{1/3}. \tag{6.1.3}$$

稳定层结下的观测数据比较离散. 当大气层结呈极端稳定，即稳定度参数 z/L 的数值足够大时，湍流运动与地面的联系很弱，湍流与地面失去耦合，高度将不是湍流运动的相似性支配参数，湍流统计特征往往与高度无关，有

$$\frac{\sigma_w}{u_*} = 常数.\qquad(6.1.4)$$

近地面层湍流垂直风速涨落和能量输送的主要能量来源是浮力做功,对此有贡献的湍涡尺度受到地面限制,基本满足近地面层相似性条件和规律;水平方向风速涨落和输送的能量更多的是动力做功,而非直接来源于浮力做功,湍涡运动不受地面的限制,但受限于整个大气边界层,与近地面层有关的高度 z 及奥布霍夫长度 L 不是支配其相似性的充分参数. 尽管如此,Kansas 实验结果显示:在不稳定层结下,$\sigma_{u,v}/u_*$ 随 z/L 的增加而明显增加,尤其是稳定度参数 $z/L < -0.6$ 时,水平风速归一化标准差 $\sigma_{u,v}/u_*$ 近似满足 $(-z/L)^{1/3}$ 的莫宁-奥布霍夫相似性理论推论. 一般地,在不稳定层结下,水平风速归一化标准差与稳定度参数 z/L 的关系可表达为

$$\frac{\sigma_{u,v}}{u_*} = 2.5\left(1 - 1.6\frac{z}{L}\right)^{1/3}.\qquad(6.1.5)$$

上式及(6.1.2)式中的系数因研究者不同或实验时期不同存在一定的差异. 受下垫面粗糙程度的影响,三方向风速归一化标准差 $\sigma_{u,v,w}/u_*$ 随地表粗糙度 z_0 的增加而减小,地表粗糙度 z_0 对水平方向的影响大于垂直方向.

图 6.1.1 给出了不稳定层结下戈壁、草原、郊区和城市地区三方向风速归一化标准差 $\sigma_{u,v,w}/u_*$ 随稳定度参数 z/L 的变化关系. 可以看到,在不稳定层结下,三方向风速归一化标准差 $\sigma_{u,v,w}/u_*$ 随 z/L 增加而呈规律性的增大,但是 σ_u/u_* 和 σ_v/u_* 相对离散较大. 这与垂直方向和水平方向的边界条件限制不同有关. 垂直方向受下边界地面和上边界大气边界层的高度限制,水平方向在水平无限制. 这时,有研究者建议应该用边界层相似性代替近地面层相似性考察其规律性,相似性支配因子应包括大气边界层高度等参数. 有实验结果证实水平方向风速归一化标准差 $\sigma_{u,v}/u_*$ 与稳定度参数 z/L 不存在唯一的依赖关系. 由此引出均匀下垫面水平风速标准差对莫宁-奥布霍夫相似性理论是否支持的争论,其焦点主要集中在 u,v 方向的尺度较适合于大气边界层高度 z_i. Panofsky 和 Dutton(1984)给出了相应的拟合关系为

$$\frac{\sigma_{u,v}}{u_*} = \left(12 - 0.5\frac{z_i}{L}\right)^{1/3}.\qquad(6.1.6)$$

与方程(6.1.1)类似,有关于温度等标量的表达形式:

$$\frac{\sigma_\theta}{\theta_*} = \beta_1\left(\frac{z}{L}\right)^{\beta_2}.\qquad(6.1.7)$$

在不稳定层结下,风速分量和标量的湍流统计特征与大气层结有关. 在强不稳定层结下,即自由对流情况下,湍流统计特征取决于混合层高度(Johansson et al.,2001;Panofsky et al.,1977;Peltier et al.,1996;Foken,2008). 对于稳定

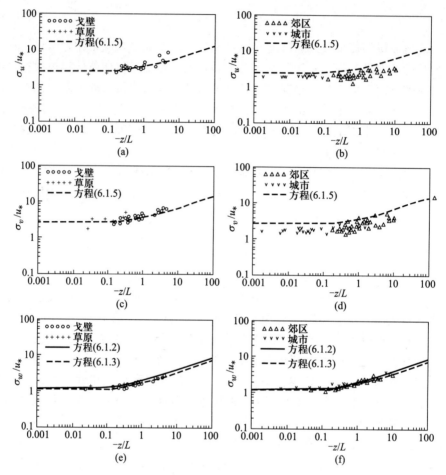

图 6.1.1 风速归一化标准差 $\sigma_{u,v,w}/u_*$ 随稳定度参数 z/L 的变化关系

（引自 Zhang *et al.*，2001）

层结，很少有观测资料能进行有效验证. 表 6.1.1 给出了非绝热条件下的参数化结果.

在自由对流条件下（$z/L < -1$），大气边界层的对流速度尺度 ω_* 和混合层高度 z_i 都很重要（Garratt，1992），参数化方案必须满足随着卷夹层的增加和高度的增高，湍流统计特征数值呈现减小的特点. Sorbjan(1989) 提出了如下的参数化方案：

$$\frac{\sigma_w}{w_*} = 1.08\left(\frac{z}{z_i}\right)^{1/3}\left(1 - \frac{z}{z_i}\right)^{1/3}, \tag{6.1.8}$$

$$\frac{\sigma_\theta}{\theta_*} = 2\left(\frac{z}{z_i}\right)^{-2/3}\left(1 - \frac{z}{z_i}\right)^{4/3} + 0.94\left(\frac{z}{z_i}\right)^{4/3}\left(1 - \frac{z}{z_i}\right)^{-2/3}. \qquad (6.1.9)$$

表 6.1.1　非绝热条件下的湍流统计特征(引自 Foken，2008)

参数	z/L	α_1 或 β_1	α_2 或 β_2
$\dfrac{\sigma_w}{u_*}$	$-0.032 < z/L < 0$	1.3	0
	$z/L < -0.032$	2.0	1/8
$\dfrac{\sigma_u}{u_*}$	$-0.032 < z/L < 0$	2.7	0
	$z/L < -0.032$	4.15	1/8
$\dfrac{\sigma_\theta}{\theta_*}$	$0.02 < z/L < 1$	1.4	$-1/4$
	$-0.062 < z/L < 0.02$	0.5	$-1/2$
	$-1 < z/L < -0.062$	1.0	$-1/4$
	$z/L < -1$	1.0	$-1/3$

在中性层结下，垂直热量输送(感热通量)几乎为零($\overline{w'\theta'} \to 0$)，风速归一化标准差的相似性结果渐近为一常数. 大量的观测事实表明，在中性层结下，风速归一化标准差 $\sigma_{u,v,w}/u_*$ 应为一常数. 没有实验结果支撑近中性层结下的数值与观测高度有关. 但有观测结果显示，不稳定层结下 σ_w/u_* 的数值随观测高度的增加而增加.

在近中性层结下，垂直风速归一化标准差 σ_w/u_* 的不同实验结果并非所期望的一个常数，但不同观测结果较为一致，其相近程度远比水平方向风速归一化标准差 $\sigma_{u,v}/u_*$ 好很多. Panofsky 和 Dutton(1984)给出的平坦地形的垂直风速归一化标准差 σ_w/u_* 的平均值为 1.25，Roth(1993)总结了不同研究者的数值(表 6.1.2)，其取值范围在 1.1~1.7 之间. 表 6.1.2 中，v 方向的观测结果显示了比较明显的离散性. 需注意的是，对于 1.2 这个远低于 1.9 的结果，研究者认为可能因为观测高度较低，其规律表现了城区粗糙子层内的湍流过程. 另外，三方向风速标准差 $\sigma_{u,v,w}/u_*$ 随地表粗糙度 z_0 的增加有减小的趋势，而且地表粗糙度 z_0 对水平方向的影响大于垂直方向.

基于 Rossby 相似性(Garratt，1992)，一些学者(Hogstrom，1990；Tennekes，1982；Yaglom，1979)认为，中性层结下，至少可以确定科氏力参数是一个影响因子. Hogstrom 等(2002)对其进行了验证. 根据这一发现，表 6.1.3 给出了中性、偏不稳定和偏稳定层结下的参数化方案，其中 f 为科氏力参数. 对于标量而言，由于其对大气层结非常敏感，所以不存在类似的参数化方案.

表 6.1.2 不同研究者给出的近中性层结下风速归一化标准差的数值

(部分引自 Roth, 1993)

研究者	σ_u/u_*	σ_v/u_*	σ_w/u_*	备注
Bowen, Ball (1970)	2.5	1.5	1.3	弱不稳定层结, $z = 53.3$ m
Ramsdell (1975)	2.5	2.0	1.5	城市居民区, 0.6 m $< z < 48.2$ m
Jackson (1978)	2.1	1.7	1.7	平均值, 10 m $< z < 70$ m
Coppin (1979)	2.5	—	1.1	垂直方向是外推至中性的, $z' = 23.8$ m
Steyn (1982)	2.2	1.8	1.4	近中性层结, $z' = 20$ m
Clarke *et al.* (1982)	2.3	1.7	1.2	两个城郊测站平均值, $z' = 25$ m
Hogstrom *et al.* (1982)	2.5	2.2	1.5	Uplandia(地名), $z'' = 6$ m
	2.6	2.3	1.4	Granby(地名), $z = 50$ m
Yersel, Goble (1986)	2.7	2.2	1.2	不同下垫面来流平均值, $z' = 24$ m
Rotach (1991)	2.2	1.2, 2.0	1.0	近中性层结, $z'' = 5, 10$ m
Hanna, Chang (1992)	—	—	1.2	城郊, $z = 10$ m
Roth (1993)	2.3	1.7	1.2	近中性层结, $z' = 18.9$ m
Counihan (1975)	2.5	1.9	1.3	农田参考值
Zhang *et al.* (2001)	2.6	2.4	1.2	戈壁, $z = 4.9$ m, $z_0 = 0.0012$ m
Zhang *et al.* (2001)	2.3	2.1	1.2	草原, $z = 3.5$m, $z_0 = 0.028$ m
Zhang *et al.* (2001)	2.0	1.4	1.2	郊区, $z = 75$ m, $z_0 = 0.37$ m
Zhang *et al.* (2001)	1.9	1.4	1.2	城市, $z = 47$ m, $z_0 \sim 1$ m

注: z 为地面以上高度; z' 为有效高度; z'' 为建筑物顶部以上高度.

表 6.1.3 中性、偏不稳定和偏稳定层结下湍流统计特征的参数化

(引自 Foken, 2008)

参数	$-0.2 < z/L < 0.4$	备注
$\dfrac{\sigma_w}{u_*}$	$0.21\ln\dfrac{z_+ f}{u_*} + 3.1$	$z_+ = 1$ m
$\dfrac{\sigma_u}{u_*}$	$0.44\ln\dfrac{z_+ f}{u_*} + 6.3$	$z_+ = 1$ m

根据实验验证和总结, 均匀下垫面中性层结下的风速归一化标准差一般取如下数值:

$$\frac{\sigma_w}{u_*} = 1.25 \sim 1.30, \tag{6.1.10}$$

$$\frac{\sigma_u}{u_*} = 2.39 \pm 0.03, \tag{6.1.11}$$

$$\frac{\sigma_v}{u_*} = 1.92 \pm 0.05. \tag{6.1.12}$$

表 6.1.4 给出了戈壁、草原、效区和城市等不同下垫面近中性层结下风速归一化标准差的结果及地表粗糙度的数值. 可见, 在近中性层结下, 平坦下垫面的 σ_u/u_*, σ_v/u_* 数值与王介民等(1990)在同一地点的结果一致; 粗糙下垫面的 σ_u/u_*, σ_v/u_* 数值与他人的结果有所不同, 如张霭琛等(1990)和苏红兵等(1994)给出的城市地区的测量结果均高于 Zhang 等(2001)的测量结果. 注意到城市的发展, 张霭琛等(1990)观测期间的地表粗糙度 z_0 的数值略小. 苏红兵等(1994)的数据采样长度为 84 min, 而水平方向风速方差的贡献主要集中在低频段, 数据采样长度对统计方差的影响较大. 中性层结下不同下垫面的垂直风速归一化标准差 σ_w/u_* 的数值在 1.18 ~ 1.22 之间, 随地表粗糙度的变化很小.

表 6.1.4　近中性层结, 不同下垫面风速归一化标准差数值一览表

(引自张宏昇, 1996)

下垫面类型	研究者	z_0/m	σ_u/u_*	σ_v/u_*	σ_w/u_*
戈壁	王介民等(1990)	0.0012	2.65	2.22	1.21
	王介民等(1993)		—	—	1.14
	Zhang *et al.* (2001)		2.62	2.39	1.22
草原	Zhang *et al.* (2001)	0.028	2.29	2.12	1.18
郊区	Zhang *et al.* (2001)	0.37	1.95	1.36	1.20
城市	张霭琛等(1990)	~1	2.30	1.62	1.23
	苏红兵, 洪钟祥(1994)	~0.63	2.33	1.97	1.16
	Zhang *et al.* (2001)	~1	1.90	1.36	1.21

戈壁、草原、郊区和城市等四种下垫面, 地表粗糙度 z_0 大约从 0.0012 m 增加到 1 m, 与之相应的中性层结下水平方向风速归一化标准差 σ_u/u_*, σ_v/u_* 分别由 2.62, 2.39 降至 1.90 和 1.36, 垂直方向风速归一化标准差呈现相同的

数值. 而表 6.1.4 显示的 Zhang 等(2001)的结果来自相同的测量仪器、相同的数据采集方法、相同的资料处理过程、相同的数据筛选原则. 所以，中性层结下的水平风速标准差随地表粗糙度的增加而呈现降低的趋势应与地形差异有关.

　　对于温度，除了前文提及的方程(6.1.7)和方程(6.1.9)外，众多平坦、均一下垫面的实验结果表明，不稳定层结下的温度归一化标准差 σ_θ/θ_* 与稳定度参数 z/L 的变化呈 $-1/3$ 幂次关系，满足(Tillman, 1972)

$$\frac{\sigma_\theta}{\theta_*} = -C_1\left(C_2 - \frac{z}{L}\right)^{-1/3}, \quad \frac{z}{L} < 0, \qquad (6.1.13)$$

其中系数 $C_1 = 0.95$，C_2 由近中性层结下的 C_3 ($= -C_1 C_2^{-1/3}$) 确定，$C_3 = 2.5 \sim 3.5$ (Tillman, 1972; de Bruin et al., 1988; Wyngaard, Cote, 1971).

　　de Bruin 等(1988)指出方程(6.1.13)同样适用于复杂下垫面，Lloyd (1991)和Roth(1993)证实温度归一化标准差 σ_θ/θ_* 随稳定度参数 z/L 的变化关系呈 $-1/3$ 幂次关系，且为一普适函数形式，适用于不同的下垫面和不同的观测高度. 考虑中性层结时的奇异性，σ_θ/θ_* 的数值偏离 $(-z/L)^{-1/3}$ 相对较大，是由于水平不均匀性导致的温度脉动所产生的. 由此认为满足 σ_θ/θ_* 与 z/L 呈 $-1/3$ 幂次关系的稳定度参数范围是 $z/L < -0.3$. 在后面涉及地表动力学参数时，将利用方程(6.1.13)中的系数与下垫面和观测高度无关的性质，讨论一种计算零值位移的方法.

　　图 6.1.2 给出了温度归一化标准差 σ_θ/θ_* 随稳定度参数 z/L 的变化关系. 可见，不同下垫面的温度归一化标准差 σ_θ/θ_* 随稳定度参数 z/L 的变化关系与方程(6.1.13)符合很好，仅是数值略有偏高. 于是方程(6.1.13)中的系数 C_1 订正为 $C_1 = 1.05$. 对比图 6.1.2(a)和(b)，温度归一化标准差 σ_θ/θ_* 随稳定度参数 z/L 的变化关系与实验地点地表状况和观测高度无关，再次证实了 σ_θ/θ_* 随 z/L 的变化确是普适关系.

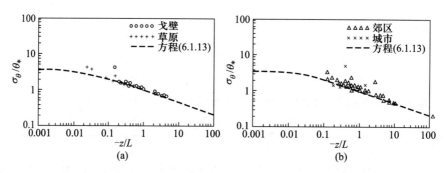

图 6.1.2　温度归一化标准差 σ_θ/θ_* 随稳定度参数 z/L 的变化关系

(引自 Zhang et al., 2001)

对于湿度、二氧化碳浓度等标量，一般认为与温度类似. 不稳定层结下比湿归一化标准差 σ_q/q_* 与稳定度参数 z/L 呈 $-1/3$ 幂次关系. Hogstrom 和 Smedman-Hogstrom（1974）给出了比湿满足的表达式：

$$\frac{\sigma_q}{q_*} = C\left(-\frac{z}{L}\right)^{-1/3}, \qquad (6.1.14)$$

其中系数 $C = 1.04$. 图 6.1.3 给出了不稳定层结下戈壁、草原和郊区下垫面比湿归一化标准差 σ_q/q_* 随稳定度参数 z/L 的变化关系. 尽管数据较为离散，但还是可以看出 σ_q/q_* 与 z/L 呈 $-1/3$ 幂次关系. 草原和郊区下垫面的结果与温度归一化标准差的拟合曲线方程（6.1.13）十分接近，数值大小与下垫面无关，表明湿度与温度脉动具有相似的特征. 戈壁下垫面的数值高于其他下垫面的数值，结合湿度谱分析可知，其原因应与戈壁地表强烈蒸发有关.

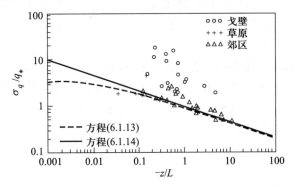

图 6.1.3　比湿归一化标准差 σ_q/q_* 随稳定度参数 z/L 的变化关系

（引自 Zhang *et al.*, 2001）

考察热量和水汽水平输送和垂直传输的关系有（Wyngaard，Cote，1971）

$$\frac{\overline{u'\theta'}}{\overline{w'\theta'}} = -a\varphi_m\varphi_h. \qquad (6.1.15)$$

Roth（1993）给出粗糙表面与平坦地形具有相同的系数：$a = 5$. 方程（6.1.15）证实了水平输送的存在，而且随着不稳定度增加，比值 $\overline{u'\theta'}/\overline{w'\theta'}$ 逐渐下降并趋于 0.

图 6.1.4 给出了不稳定层结下水平热通量和垂直热通量比值 $\overline{u'\theta'}/\overline{w'\theta'}$ 随稳定度参数 z/L 的变化关系，图中拟合曲线为方程（6.1.15）（$a = 5$），通量-廓线关系采用 $\varphi_m = (1 - 28z/L)^{-1/4}$，$\varphi_h = (1 - 20z/L)^{-1/2}$. 可见，在不稳定层结下，随着稳定度参数 $|z/L|$ 的增加，水平热量输送趋于微弱. 当 z/L 在 -0.2 左右时，郊区下垫面的观测数值明显高于戈壁和草原下垫面，说明郊区实验站周围的热量水平交换较强，反映了郊区临近城镇的热岛效应.

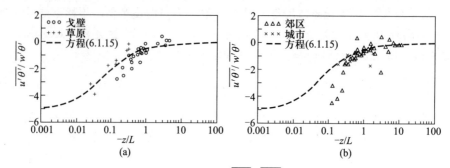

图 6.1.4　水平热通量和垂直热通量比值 $\overline{u'\theta'} / \overline{w'\theta'}$ 随稳定度参数 z/L 的变化关系

（引自 Zhang *et al.*, 2001）

　　仅仅作为类比, 图 6.1.5 给出了水平潜热通量和垂直潜热通量比值 $\overline{u'q'} / \overline{w'q'}$ 随稳定度参数 z/L 的变化关系, 图中拟合曲线为方程(6.1.15), 同时温度与湿度的通量-廓线关系取相同的表达形式. 可见, 大气层结越不稳定, 近地面层水汽的水平输送与垂直输送比值越小. 然而, 与其他下垫面相比, 戈壁下垫面水汽的水平输送与垂直输送比值一直较高, 说明戈壁地区平流对近地面层内的水汽含量有较大的影响, 与胡隐樵和高由禧(1994)发现的戈壁地区确实存在较大水汽平流的现象相对应.

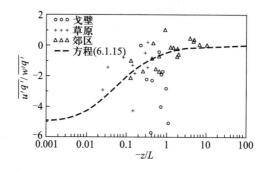

图 6.1.5　水平潜热通量和垂直潜热通量比值 $\overline{u'q'} / \overline{w'q'}$ 随稳定度参数 z/L 的变化关系

（引自 Zhang *et al.*, 2001）

6.2　近地面层大气湍流能谱特征

　　关于湍流能谱的论述有许多(Haugen, 1973; Kaimal *et al.*, 1972; Panofsky, Dutton, 1984). 湍流能谱一般分为三部分: 含能涡区、惯性副区和耗散区. 对于风速的湍流能谱, 一般认为, 平坦、均一下垫面的垂直风速分量的湍流能谱遵从莫宁-奥布霍夫相似性理论, 只是在低谱段可能显示大气边界层高度的微弱影响；水平风速分量流湍能谱的含能涡区受大气边界层高度的影响较大，仅其高频部分满足莫宁-奥布霍夫相似性理论．对于复杂下垫面，其湍流能谱的主要特征有：

（1）较高频率的湍涡可以迅速适应局地条件而实现平衡，均匀地形条件下湍流能谱惯性副区的有关研究结果仍然适用．由于垂直风速湍流能谱的主要能量集中在较高频段，其基本形状仍大致保持不变．

（2）水平风速分量湍流能谱的低频部分受上游地形特征的影响较大．

（3）在稳定层结下，由于重力波等因素的附加影响，低频涡旋占有的能量有较明显的增加．

图 6.2.1 给出了风速的归一化湍流能谱图，其中 C_{uw} 为水平纵向风速 u 与垂直风速 w 的协方差谱，$C_{u\theta}$ 为水平纵向风速 u 与位温 θ 的协方差谱，f 为无因次频率，n 为自然频率．一般地，风速的归一化能谱曲线在惯性副区合并为一条，斜率满足 $-2/3$ 幂次率；含能涡区的能谱曲线按水平纵向风速、水平横向风速和垂直风速由低频向高频依次排列，表明湍流能量也是依此顺序由大到小排列，这与一般情况下水平风速数值大于垂直风速相一致．图 6.2.1 还显示了归一化湍流能谱的峰值对应的无因次频率也是按水平纵向风速、水平横向风速和垂直风速由小到大依次排列的．

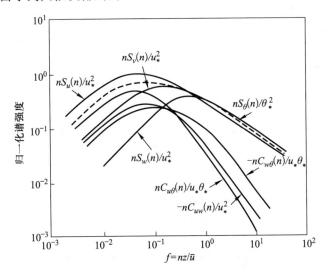

图 6.2.1　风速的归一化湍流能谱图（引自 Haugen，1973）

图 6.2.2 是 Kansas 实验给出的水平纵向风速 u，水平横向风速 v 和垂直风速 w 的归一化湍流能谱曲线结果，图中不同的曲线代表了不同大气层结状态的能谱密度．不同大气层结的归一化湍流能谱曲线在惯性副区合并为一条曲线，

能谱曲线在含能涡区根据大气稳定度数值由不稳定层结到稳定层结依次排列, 其中阴影部分是不稳定层结的结果. 实际上, 图 6.2.2 所示湍流能谱曲线下的面积代表了湍流能量大小. Kaimal 等(1972)给出了三方向风速 u, v 和 w 的湍流能谱曲线的表达形式:

$$\frac{nS_u(n)}{u_*^2} = \frac{\alpha_1}{(2\pi)^{2/3}} \frac{\varepsilon^{2/3} z^{2/3}}{u_*^2} \left(\frac{nz}{\bar{u}}\right)^{-2/3}, \qquad (6.2.1)$$

$$\frac{nS_v(n)}{u_*^2} = \frac{\alpha_2}{(2\pi)^{2/3}} \frac{\varepsilon^{2/3} z^{2/3}}{u_*^2} \left(\frac{nz}{\bar{u}}\right)^{-2/3}, \qquad (6.2.2)$$

$$\frac{nS_w(n)}{u_*^2} = \frac{\alpha_3}{(2\pi)^{2/3}} \frac{\varepsilon^{2/3} z^{2/3}}{u_*^2} \left(\frac{nz}{\bar{u}}\right)^{-2/3}, \qquad (6.2.3)$$

其中 Kolmogorov 系数 α_1 是通过水平纵向风速脉动的谱函数计算湍流耗散率时的常数(即由能谱分布函数 $E(f) = \alpha_1(\varepsilon u)^{3/2} f^{-5/3}$, 可得 $\varepsilon = (1/u)(E^*/\alpha_1)^{3/2}$); 系数 α_2, α_3 类似, 数值一般小于 α_1. Wyngaard 和 Cote(1971)发现, 在湍流能谱的惯性副区, 有 $\alpha_1 = 0.52$. McBean 等(1971)和 Champagne 等(1977)给出了类似的结果, 分别为 $\alpha_1 = 0.54 \pm 0.09$ 和 $\alpha_1 = 0.50 \pm 0.02$. Oncley 等(1990)通过

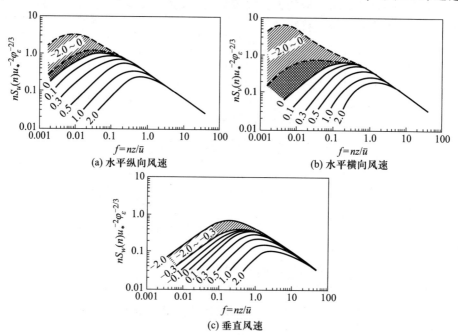

图 6.2.2　水平纵向风速、水平横向风速和垂直风速的归一化湍流能谱曲线

(引自 Panofsky, Dutton, 1984)

对比惯性副区能谱的振幅变化和直接由小尺度风剪切得到的耗散率, 得到 $\alpha_1 = 0.54$.

将湍流耗散率 $\varphi_\varepsilon = \dfrac{\kappa z \varepsilon}{u_*^3}$ 和无因次频率 $f = \dfrac{nz}{\bar u}$ 代入 (6.2.1) ~ (6.2.3) 式, 有

$$\frac{nS_u(n)}{u_*^2 \varphi_\varepsilon^{2/3}} = \frac{\alpha_1}{(2\pi\kappa)^{2/3}} f^{-2/3}, \tag{6.2.4}$$

$$\frac{nS_v(n)}{u_*^2 \varphi_\varepsilon^{2/3}} = \frac{\alpha_2}{(2\pi\kappa)^{2/3}} f^{-2/3}, \tag{6.2.5}$$

$$\frac{nS_w(n)}{u_*^2 \varphi_\varepsilon^{2/3}} = \frac{\alpha_3}{(2\pi\kappa)^{2/3}} f^{-2/3}. \tag{6.2.6}$$

对于近中性层结下的三方向风速能谱, Kansas 实验的拟合曲线为 (Kaimal et al., 1972)

$$\frac{nS_u(n)}{u_*^2} = \frac{105f}{(1 + 33f)^{5/3}}, \tag{6.2.7}$$

$$\frac{nS_v(n)}{u_*^2} = \frac{17f}{(1 + 9.5f)^{5/3}}, \tag{6.2.8}$$

$$\frac{nS_w(n)}{u_*^2} = \frac{2f}{1 + 5.3f^{5/3}}. \tag{6.2.9}$$

作为实例, 图 6.2.3 ~ 6.2.5 分别给出了戈壁、草原、郊区和城市等不同类型下垫面风速的归一化湍流能谱曲线. 高频段惯性副区的能谱曲线满足 $-2/3$ 幂次率, 低频段含能涡区的能谱曲线呈现随大气稳定度参数 z/L 依次散布. 由于戈壁、草原、郊区和城市的地表粗糙度不同, 戈壁和草原下垫面代表了平坦地区, 郊区和城市下垫面代表了复杂地区, 其湍流能谱特征存在一定的差异: 平坦下垫面的戈壁和草原地区, 其风速能谱密度的峰值相对于粗糙下垫面的郊区和城市向低频方向移动. 另外, 在稳定层结下, 由于大尺度过程和重力波的共同作用, 导致水平横向风速的能谱密度存在双峰现象.

对于标量的温度, 其湍流能谱密度分布有类似结果. 温度能谱可以表示为 (Kaimal et al., 1972)

$$nS_\theta(n) = B_\theta \varepsilon^{-1/3} N^* (2\pi n/\bar u)^{-2/3}, \tag{6.2.10}$$

其中 N^* 为温度的分子传导耗散率; B_θ 为惯性副区的普适常数, 公认的数值在 $0.78 \sim 0.8$ 之间, Panofsky 和 Dutton (1984) 推荐使用 0.78. 引入温度的归一化无因次耗散率 $\varphi_N = N^* \kappa z/(u_* \theta_*^2)$ 和无因次频率 $f = nz/\bar u$, 方程 (6.2.10) 可改写为

$$\frac{nS_\theta(n)}{\theta_*^2 \varphi_N \varphi_\varepsilon^{-1/3}} = B_\theta (2\pi\kappa)^{-2/3} f^{-2/3}. \tag{6.2.11}$$

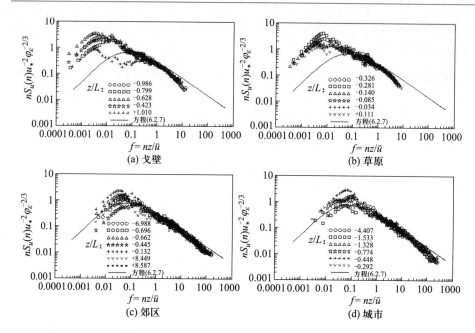

图 6.2.3　水平纵向风速 u 的归一化湍流能谱曲线（引自 Zhang *et al.*, 2001）

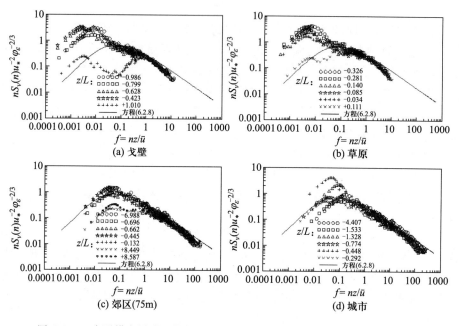

图 6.2.4　水平横向风速 v 的归一化湍流能谱曲线（引自 Zhang *et al.*, 2001）

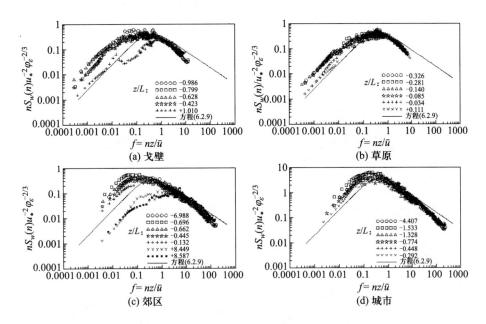

图 6.2.5　垂直风速 w 的归一化湍流能谱曲线(引自 Zhang $et\ al.$, 2001)

方程(6.2.11)满足莫宁-奥布霍夫相似性理论, 即能谱尺度仅与无因次频率 f 和稳定度参数 z/L 有关. 用 φ_N 和 $\varphi_\varepsilon^{-1/3}$ 对能谱曲线归一化, 惯性副区的能谱曲线合并到一起, 遵从 $-2/3$ 幂次率; 低频段的能谱曲线随稳定度变化而有所区别.

对于近中性层结下的温度能谱, Kansas 实验的拟合曲线为(Kaimal $et\ al.$, 1972)

$$\frac{nS_\theta(n)}{\theta_*^2} = \begin{cases} 53.4f/(1+24f)^{5/3}, & f < 0.15, \\ 24.4f/(1+12.5f)^{5/3}, & f \geqslant 0.15. \end{cases} \qquad (6.2.12)$$

Kaimal 等(1972)和 Smedman-Hogstrom(1973)在平坦下垫面地区的观测结果均显示: 在不稳定层结下, 温度能谱曲线在惯性副区遵从 $-2/3$ 幂次率, 无因次频率大于 0.3; 在稳定层结下, 无因次频率大于 0.8 时, 才呈现 $-2/3$ 幂次率. 在不稳定层结下, 温度能谱峰值对应的无因次频率约为 0.05, 无因次频率 0.1 附近的温度能谱曲线有一平缓区域. 在低频段的含能涡区, 温度能谱曲线随稳定度参数 z/L 呈现规则的依次变化. 而 Roth(1993)和苏红兵等(1994)在复杂下垫面的观测结果却显示: 低频段的温度能谱曲线挤在一个相对窄的范围内, 中频段的能谱包含有较多的能量, 与平坦地形的温度谱相比,峰值频率向高频移动. 另外,温度能谱曲线不随观测高度的变化而变化. 温度能谱的峰值频率 $f_{m\theta}$ 介于水平纵向风速峰值频率 f_{mu} 和水平横向风速峰值频率 f_{mv} 之间. 图 6.2.6 给出了戈壁、草原、郊区和城市地区温度能谱曲线的对比.

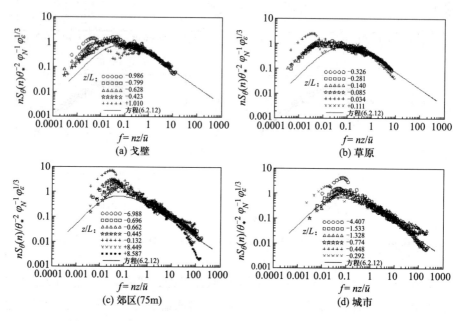

图 6.2.6　温度的归一化湍流能谱曲线(引自 Zhang et al., 2001)

同样作为标量,有关湿度的湍流能谱报道相对较少,尤其是低频段的含能涡区的结果在文献中涉及不多. 目前公认的结果有:湿度能谱与温度能谱类似,湿度的归一化能谱密度在高频段的惯性副区满足 $-2/3$ 幂次率,遵从莫宁-奥布霍夫相似性理论,其无因次频率一般在 0.3~1.3 之间;低频段含能涡区的能谱曲线相对集中在比较窄的范围内,随大气稳定度参数 z/L 散布规律不如风速明显;平坦地形的湿度能谱曲线比粗糙下垫面略开阔和平缓,粗糙下垫面的曲线较为"尖锐";粗糙下垫面高频段的湿度能谱曲线略高于平坦地形的湿度能谱曲线,一方面说明粗糙下垫面地区局地湍流耗散比较强,另一方面也不排除有普适系数 B_q 随地表粗糙度的增加而增加的可能. 另外,复杂下垫面近地面层的湿度能谱曲线与观测高度无关,数值略大于 Kaimal 等(1972)的数值(Schmitt et al., 1979;Roth, 1993).

Ohtaki(1985)给出的湿度能谱峰值频率数值约为 0.08;Smedman-Hogstrom

（1973）在自由对流情况下的结果约为 0.025. 与温度能谱类似，Smedman-Hogstrom（1973）和 Hogstrom（1974）发现湿度能谱曲线在无因次频率 0.1 附近有平缓现象；王介民等（1990）还发现了干旱地区的湿度能谱曲线出现双峰现象，两个谱峰对应的无因次频率分别为 0.002 和 0.6 左右.

　　同样作为实例，图 6.2.7 给出了戈壁、草原和郊区等不同下垫面的湿度能谱曲线.

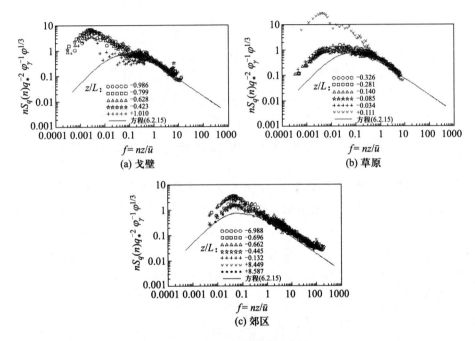

图 6.2.7　湿度的归一化湍流能谱曲线（引自 Zhang *et al.*, 2001）

　　类似于温度，湿度能谱的形式可以写为（Kaimal *et al.*, 1972）

$$nS_q(n) = B_q \varepsilon^{-1/3} \gamma^* (2\pi n/\bar{u})^{-2/3}, \qquad (6.2.13)$$

其中 γ^* 为湿度的分子传导耗散率；B_q 为惯性副区的普适常数，取与温度的普适常数一样的值，约为 0.8. 引入湿度的归一化无因次耗散率 $\varphi_\gamma = \gamma^* \kappa z/(u_* q_*^2)$ 和无因次频率 $f = nz/\bar{u}$，方程（6.2.13）改写为

$$\frac{nS_q(n)}{q_*^2 \varphi_\gamma \varphi_\varepsilon^{-1/3}} = B_q (2\pi\kappa)^{-2/3} f^{-2/3}. \qquad (6.2.14)$$

　　方程（6.2.14）满足莫宁-奥布霍夫相似性理论. 中性层结下的湿度能谱曲线的表达形式取与温度一样的结果：

$$\frac{nS_q(n)}{q_*^2} = \begin{cases} 53.4f/(1 + 24f)^{5/3}, & f < 0.15, \\ 24.4f/(1 + 12.5f)^{5/3}, & f \geqslant 0.15. \end{cases} \qquad (6.2.15)$$

对于其他大气参量,包括痕量气体、污染物质等,可以采用类似的方法进行湍流能谱分析. 图 6.2.8 给出了 CO_2 浓度的归一化湍流能谱曲线.

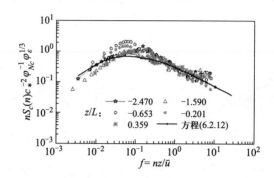

图 6.2.8　戈壁地区 CO_2 浓度的归一化湍流能谱曲线(引自赵子龙, 2013)

大气参量之间的协方差谱(也称交叉谱、互谱)常常用来分析不同尺度湍流涡旋对于相应湍流通量的贡献. 湍流协方差谱曲线形式与能谱的形式类似,可以分为低频段的含能涡区、高频段的惯性副区和耗散区. 可以推导,湍流协方差谱在惯性副区满足 $-4/3$ 幂次率. Kaimal 等(1972)给出的 Kansas 实验中近中性层结下水平纵向风速和垂直风速、垂直风速和温度的协方差谱的近似表达式分别为

$$-\frac{nC_{uw}(n)}{u_*^2} = \frac{14f}{(1 + 9.6f)^{2.4}}, \qquad (6.2.16)$$

$$-\frac{nC_{w\theta}(n)}{u_*\theta_*} = \begin{cases} \dfrac{11f}{(1 + 13.3f)^{1.75}}, & f < 1.0, \\ \dfrac{4.4f}{(1 + 3.8f)^{2.4}}, & f \geqslant 1.0; \end{cases} \qquad (6.2.17)$$

近中性层结下水平纵向风速和温度协方差谱的近似表达式为

$$\frac{nC_{u\theta}(n)}{u_*\theta_*} = \frac{40f}{(1 + 14f)^{2.6}}. \qquad (6.2.18)$$

图 6.2.9 和图 6.2.10 给出了戈壁地区不同稳定度下水平纵向风速与垂直风速分别和温度,湿度, CO_2 浓度的归一化协方差谱曲线,其中 $G_{u\theta}$, $G_{w\theta}$, G_{wq}, G_{wc} 是归一化参数.

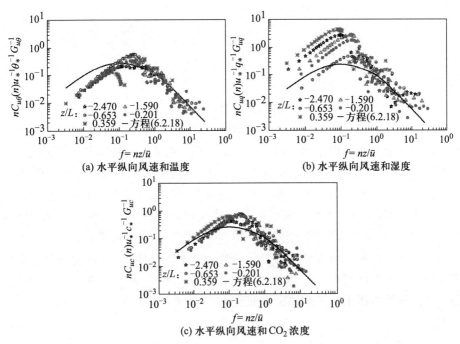

图 6.2.9　戈壁地区不同稳定度下湍流归一化协方差谱曲线（引自赵子龙，2013）

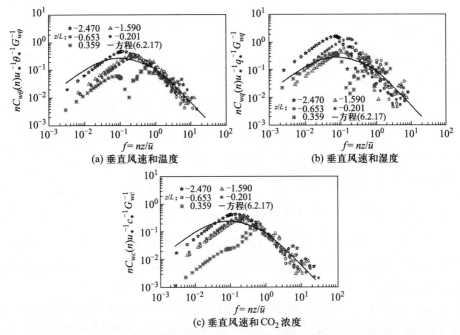

图 6.2.10　戈壁地区不同稳定度下湍流归一化协方差谱曲线（引自赵子龙，2013）

6.3　近地面层空气动力学参数——零值位移 d

6.3.1　零值位移 d 的定义

在陆地上，如果一个个粗糙元靠得很近，则它们的顶部就好像一个发生了位移的地面. 例如，森林的树顶盖，当树木足够密时，由空中看去，大量的树叶形成一个看起来像固体的表面；城市的房顶，由于建筑物排列得足够近同样产生一个看起来像固体表面效应的结果，对于气流，平均屋顶如同一个位移的地面；洋面存在比较高的波浪时，其下垫面的顶部也如同发生了一个位移. 此时，下垫表面(陆地、海洋)的起始高度将被抬高到森林、建筑物或波浪顶层附近，通量-廓线关系需做一定的修正，以高度 $z-d$ 置换高度 z.

定义位移距离为地表空气动力学参数——零值位移 d，气流与下垫面的作用相当于发生在该高度上，地表粗糙度也相应变成在这一高度之上的物理属性. 含位移距离修正的风速和温度的通量-廓线关系分别为

$$\frac{\kappa(z-d)}{u_*}\frac{\partial \overline{u}}{\partial z} = \varphi_m(\zeta), \tag{6.3.1}$$

$$\frac{\kappa(z-d)}{\theta_*}\frac{\partial \overline{\theta}}{\partial z} = \varphi_h(\zeta), \tag{6.3.2}$$

相应的积分形式为

$$\overline{u} = \frac{u_*}{\kappa}\Big[\ln\frac{z-d}{z_0} - \psi_m(\zeta)\Big], \tag{6.3.3}$$

$$\overline{\theta} - \overline{\theta}_0 = \frac{\theta_*}{\kappa}\Big[\ln\frac{z-d}{z_0} - \psi_h(\zeta)\Big], \tag{6.3.4}$$

可见，零值位移 d 是描述下垫面空气动力学特征的重要物理量，是复杂下垫面湍流通量参数化过程中常用的基本参数，也是研究地-气间水热、能量和物质交换过程首先要确定的基本参数之一.

6.3.2　零值位移 d 确定的传统方法

零值位移 d 确定的传统方法是利用近中性层结的风速廓线关系计算求得，即利用近中性层结实测风速廓线通过 $\overline{u}$ 与 $\ln(z-d)$ 满足线性关系的最佳拟合获取. 地表粗糙度 z_0 往往与零值位移 d 一并计算.

理论上，当有三个以上高度的风速梯度资料，就可对方程(6.3.3)进行非线性回归，求解零值位移 d(Stull, 1988). 特别地，在已知三个高度 z_1, z_2, z_3 的风速 u_1, u_2, u_3 时，将其代入近中性层结的风速廓线关系，有

$$\frac{\overline{u}_2 - \overline{u}_1}{\overline{u}_3 - \overline{u}_1} \ln \frac{z_3 - d}{z_1 - d} = \ln \frac{z_2 - d}{z_1 - d}.$$

对上式进行迭代求解, 得到 d 值.

上面的计算过程在理论上可行, 但在实际应用中会有诸多的困难或不便:

(1) 近中性层结出现概率不高, 资料获取困难. 例如, 干旱地区的大气稳定度参数日夜相差悬殊, 近中性层结只在日出、日落过渡时刻短暂出现, 此时的非定常性强, 缺乏风速廓线关系成立和使用的理论基础.

(2) 进行高质量风速廓线测量的困难: 仅仅有三个高度的风速测量往往是不够的, 需多个高度的风速梯度资料进行廓线拟合, 这就对不同高度测风仪器之间的一致性、可比性等提出了较高的要求.

(3) 不便实施风速梯度观测.

(4) 由于摩擦速度 u_*, 零值位移 d 和地表粗糙度 z_0 在物理上相互制约和关联, 方程 (6.3.3) 的解往往不唯一.

因此, 人们一直在寻求既简便易行又能够独立确定空气动力学参数零值位移 d 的方法或测量手段.

Thom(1971) 直接从零值位移 d 的物理意义出发, 提出了利用植物群体中风速廓线和叶面积密度资料独立计算零值位移 d 的设想, 即压力中心法, 并计算了人工植物群体的零值位移 d 和地表粗糙度 z_0. 其计算零值位移 d 的表达式为

$$d = \eta \int_0^h zau^{m+2}\mathrm{d}z \Big/ \int_0^h au^{m+2}\mathrm{d}z,$$

其中 h 为植物群体的平均高度; a 为植物群体的密度; u 为植物群体中的平均风速; $\eta = 1 - \tau_0/\tau_h$ 反映了植物群体下部土壤表面湍流通量大小对 d 的影响, 而 τ_h 和 τ_0 分别为植物群体顶部和土壤表面的湍流切应力, 群体稠密时 $\tau_0 \approx 0$, 群体稀疏时 τ_0 较大.

Shaw 和 Pereira(1982) 利用数值模拟方法验证了零值位移 d 在不同的群体密度条件下都能与群体的压力中心高度相吻合, 为采用群体的压力中心高度估算零值位移 d 奠定了理论基础. 覃文汉 (1994) 论证了压力中心法估算水稻、大豆农田的零值位移 d 的可行性. 但是, 群体结构不仅受植物品种的影响, 与种植方式及管理等因素也密切相关. 对于实际大田, 群体结构是千变万化的, 不一定与该品种的典型结构相符. 这使得上面式子中的参数 η, m 和 a 的取值存在一定的主观性, 影响 d 的准确估算.

众所周知, 植物或者建筑物 (群体的平均) 高度 h 是决定 d 的重要因素. Raupach(1994) 针对较大粗糙元密度下垫面, 给出正面积系数 λ 与 d/h 的变化关系:

$$1 - d/h \propto \lambda^{-1/2}.$$

显然，当正面积系数 λ 趋于 ∞ 时，d/h 很缓慢地趋近于 1.

使用上式计算 d 有一定的困难. Raupach(1994)做了进一步的简化和假定，用冠层面积指数 Λ(单位地表面积上的所有冠层粗糙元的总面积)代替正面积系数 λ(对于各向同性的粗糙元，两者之间的关系为 $\Lambda = 2\lambda$)，给出

$$1 - \frac{d}{h} = \frac{1 - \exp(-\sqrt{c_{d1}\Lambda})}{\sqrt{c_{d1}\Lambda}},$$

其中参数 c_{d1} 取 7.5，Λ 取 2. 当 c_{d1} 变化 10% 时，d/h 的变化仅为 1.5%.

更为简单的是，Kustas 和 Brutsaert(1985)指出地表的零值位移 d 主要决定于植物高度 h，随植物密度变化关系不明显. 他们假设零值位移 d 与植物高度 h 呈一定的倍数关系，建议：

$$d_0 = c_d h,$$

其中系数 c_d 为一常数，一般取 2/3 左右.

针对陡峭、非流线型粗糙表面，Rotach(1994)给出了最佳拟合曲线形式：

$$d/h = \alpha \lambda^{\beta},$$

其中系数 α 和 β 分别取 1.09 和 0.29. 然而，不同的 λ 对 d 的计算结果有较大离散. 在区间 $0.09 < \lambda < 0.18$ 内，系数 α 和 β 取 1.47 和 0.33 与实际情况更为接近.

另外，人们还将零值位移 d 和地表粗糙度 z_0 用经验关系联系起来. 例如，Parlange 和 Brutsaert(1989)给出了经验表达式

$$d = C z_0,$$

其中系数 C 的取值范围为 5～7.

以上确定零值位移 d 的方法虽然克服了高质量、高精度风速廓线测量的困难，但在实际应用中遇到了是否能够准确测量或估计粗糙元面积、植物或建筑物有效高度的困难，结果有一定的人为主观性. 尤其是将零值位移 d 与植物或建筑物高度 h 挂钩，经验性较强、误差较大.

6.3.3　零值位移 d 确定的温度方差法

现代超声风温仪可以直接输出风速和温度的快速涨落结果. Rotach(1994)提出了利用温度方差确定零值位移 d 的温度方差法(temperature-variance-method, TVM). 同时，Chen 等(1991)提出了利用单一高度超声风温仪的风速和温度观测结果确定地表粗糙度 z_0 的方案. 方程(6.3.3)中的三个相互关联的摩擦速度 u_*，零值位移 d 和地表粗糙度 z_0 可各自独立计算.

前文 6.1 节提到，根据莫宁-奥布霍夫相似性理论，在不稳定层结下，温度归一化标准差 σ_θ/θ_* 与稳定度参数 $(z - d)/L$ 呈 $-1/3$ 幂次关系已被许多实验所证实(Tillman, 1972; de Bruin et al., 1988). de Bruin 等(1988)指出这一规

律同样适用于复杂下垫面地区. Lloyd(1991)再次确认 σ_θ/θ_* 与 $(z-d)/L$ 呈 $-1/3$ 幂次关系具有普适性，适用于不同的下垫面和不同的观测高度. Roth (1993)也指出城市地区粗糙下垫面与郊区平坦地形的 σ_θ/θ_* 随 $(z-d)/L$ 的变化基本一致. 改写方程(6.1.13)：

$$\frac{\sigma_\theta}{\theta_*} = - C_1 \left(\frac{C_2 - z'}{L} \right)^{-1/3}, \quad \frac{z'}{L} < 0, \quad (6.3.5)$$

其中 $z' = z - d$. Lloyd(1991)发现，利用方程方程(6.3.5)和温度方差 σ_θ 测量值推算感热通量 $\overline{w'\theta'}$ 时，观测高度 z 的误差将带入通量的计算结果. 当 $z-d$ 没有误差(即 d 估算准确)时，由方程(6.3.5)和温度方差 σ_θ 测量值推算 $\overline{w'\theta'}$ 的误差可以忽略(Lloyd, 1991).

具体地，将高度 z 用 $z' = z - d$ 替代，预测 d 的值(不断改变 d 的值)，当实测的 σ_θ/θ_* 与方程(6.3.5)的 σ_θ/θ_* 之差的均方根 rms 的数值最小时，对应的预测的 d 值即为零值位移 d 的值：

$$rms^2 = \frac{1}{N} \sum_{i=1}^{N} \left\{ \left(\frac{\sigma_\theta}{\theta_*} \right)_{\text{实测值}} - \left[- C_1 \left(C_2 - \frac{z-d}{L} \right)^{-1/3} \right] \right\}^2.$$

实际计算时，应注意以下几点：

(1) 由于 $z'/L = (z-d)/L$，为了能够求得最小的均方根值，参与每一预测 d 值计算均方根值的原始湍流资料必须一样、数目相同，以保证不同预测 d 值计算的均方根具有可比性.

(2) 近中性层结下的湍流通量很小，使得无因次温度涨落方差的准确性变差，复杂下垫面的结果往往有一较宽的变化范围，这种离散性不一定是因为测量的不精确性，而常常源于复杂下垫面的影响. 因此，中性层结的观测资料的筛选十分重要.

(3) 由于一般情况下 $z \gg d$，当 d 很小时，利用温度方差法计算 d，其结果的误差较大.

仍以城市地区为例，在不稳定层结下，北京城市地区温度归一化标准差 σ_θ/θ_* 随稳定度参数 z'/L 的关系为(苏红兵，洪钟祥，1994)

$$\frac{\sigma_\theta}{|\theta_*|} = 5 \left(1 - \frac{16z'}{L} \right)^{-1/2}. \quad (6.3.6)$$

图 6.3.1 给出了北京地区 σ_θ/θ_* 实测值与计算值之差的均方根和预测的 d 值的关系，图中"+"和"○"分别对应方程(6.3.5)和方程(6.3.6)的计算结果，两者趋势一致，数值略有差异.

根据已计算的零值位移 d 结果和方程(6.3.5)重新拟合温度归一化标准差 σ_θ/θ_* 与稳定度参数 z'/L 的关系，发现 $C_1 = 1.05$. 图 6.3.2 给出了 σ_θ/θ_* 随

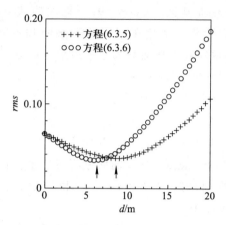

图 6.3.1　北京城市地区 σ_θ/θ_* 实测值与计算值之差的均方根和预测的 d 值的关系

（引自张宏昇，陈家宜，1997）

z'/L 的变化关系. 对比 $d=0$ 的情形，利用温度方差法确定的零值位移 d 使得曲线更为光滑，反映了利用单一高度风速、温度湍流观测资料确定零值位移 d 的可行性. 在中性层结下，从图 6.3.2 还可估算出 C_3 的取值在 $3\sim4$ 之间，与 de Bruin 等（1988）的 $C_3=3$ 及 Wyngaard 和 Cote（1971）的 $C_3=3.5$ 相近.

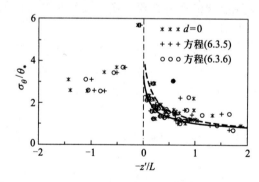

图 6.3.2　σ_θ/θ_* 与稳定度参数 z'/L 的关系（引自张宏昇，陈家宜，1997）

6.4　近地面层空气动力学参数——地表粗糙度 z_0

6.4.1　地表粗糙度 z_0 的定义和确定

作为动能汇，地表粗糙元持续不断地作用于运动的大气. 为了描述平均风场和湍流场行为，在所有尺度的范围内，了解这个动能汇的机制和强度是其必要的边界条件. 对此, Wieringa (1993) 指出: 在大尺度范围, 1980 年 Anthes 阐述了地表摩擦对于预测天气尺度的雷暴发展必要性; 1977 年 Arya 给出了表面粗糙如何影响全球大气环流的发展. 在小尺度范围, 1974 年 Pasquill 给出了污染物质烟羽的垂直扩散; 1973 年 Seguin 给出了局地蒸发模式; 1958 年 Jensen 利用风洞模拟论证了当建筑物的迎风方向有不恰当的粗糙元存在时, 其风压力可以对建筑物产生严重偏压, 并可能造成建筑物的破坏.

与零值位移 d 一样, 地表粗糙度 z_0 也是大气湍流属性通量参数化过程中常用的基本参数, 是描述下垫面空气动力学特征的重要物理量, 也是研究地表植被与大气之间物质和能量交换过程首先要确定的基本参数之一.

近地面层中, 空气动力学地表粗糙度 z_0 定义为风速等于零的高度. 虽然地表粗糙度 z_0 不等于地表某个粗糙元的高度, 但是地表粗糙元与地表粗糙度 z_0 之间存在着一定的对应关系, 即地表粗糙度 z_0 只随地表粗糙元的变化而变化, 不随风速、稳定度或应力的变化而变化. 较高的地表粗糙元对应较大的粗糙度, 地表粗糙度 z_0 的数值总是小于地表粗糙元的高度. 典型的地表粗糙度 z_0 的数值已有总结, 见图 6.4.1 (Panofsky, Dutton, 1984; Stull, 1988).

与对零值位移 d 的分析相同, 计算地表粗糙度 z_0 的方法除了利用近中性层结下风速廓线外, 人们也在寻找地表粗糙元特征与 z_0 之间的关系.

根据地表粗糙元的平均垂直高度 h (简称粗糙元高度), 粗糙元迎风面的垂直剖面面积 S_s 和每一粗糙元所占地表面积 S_L (= 总地面面积/粗糙元数目), Lettau (1969) 提出如下计算地表粗糙度 z_0 的公式:

$$z_0 = 0.5h(S_s/S_L). \tag{6.4.1}$$

(6.4.1) 式适应于粗糙元均匀分布、相互不太靠近、有相似高度和相似形状的下垫面地区.

考虑个别粗糙元的变化, 假设 S_i 表示粗糙元 i 所占的水平面积, h_i 表示粗糙元 i 的平均垂直高度, S_T 表示 N 个粗糙元所占的总面积, Kondo 和 Yamazawa (1986) 认为地表粗糙度可近似取为

$$z_0 = \frac{0.25}{S_T} \sum_{i=1}^{N} h_i S_i = \frac{0.25}{L_T} \sum_{i=1}^{N} h_i w_i, \tag{6.4.2}$$

其中 L_T 为粗糙元的最大尺度, w_i 为第 i 个粗糙元的纵向宽度. (6.4.2) 式同时表明, 在考虑沿直线方向每一粗糙元的纵向宽度 w_i 的前提下, 可以用沿总长度 L_T 的直线上遇到的各个粗糙元的数目总和近似获得地表粗糙度 z_0 的数值.

Raupach (1994) 给出了较大粗糙元密度下垫面的 z_0/h 随正面积系数 λ 的变

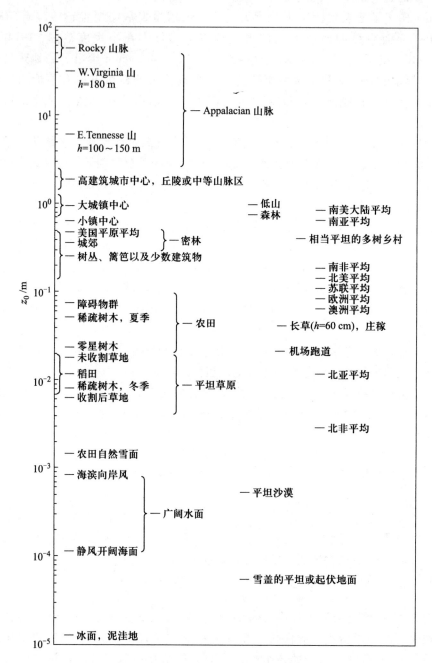

图 6.4.1　典型下垫面地表粗糙度 z_0 的数值（引自 Stull，1988）

化关系：

$$z_0/h = (1 - d/h)\exp(-\kappa u_h/u_* - \psi_h),\qquad (6.4.3)$$

其中 u_h 为高度 h 处的水平风速；比值 u_h/u_* 可由正面积系数 λ 推算得到；ψ_h $=\ln c_w - 1 + c_w^{-1}$ 为粗糙层影响因子，c_w 为一阶小量.

覃文汉(1994)给出了对于水稻、小麦和大豆等矮秆植物，群体密度适中、结构稳定时，z_0 的数值约为 $0.08h$. 与零值位移 d 类似，z_0 与植物高度 h 之比随植物群体结构、植物品种、生育期以及大气层结、湍流状况等的不同而变化，而不是常数值. 高秆作物(如玉米)等稀疏群体的 z_0 值的波动更大. 与 d 相比，影响 z_0 的因素更多，且更复杂. 另外，z_0 的数值与湍流交换的强弱存在一定关联. 在不稳定层结下，湍流交换强，湍流动量向下传输容易，d 变小而 z_0 变大；稳定层结时，相反.

Chamberlain(1983)给出了洋面地表粗糙度的计算公式：

$$z_0 = 0.016u_*^2/g,$$

其中 g 为重力加速度.

Metin 和 Robert(1986)认为，城市地区的地表粗糙度 z_0 约为粗糙元高度的 $1/8$；风速归一化标准差 $\sigma_{u,v,w}/u_*$ 随地表粗糙度 z_0 的增加而减小；地表粗糙度 z_0 对水平方向的影响大于垂直方向；湍流强度 $\sigma_{u,v,w}/u$ 随着地表粗糙度 z_0 的增加而增加；由于城市下垫面粗糙元高度与地表粗糙度 z_0 相比不足够大，导致莫宁-奥布霍夫相似性理论应用于城市地区时出现偏差，这从一个侧面证明了莫宁-奥布霍夫相似性理论应用的局限性.

Wieringa(1993)在对地表粗糙度相关研究进行总结后指出：估算地表粗糙度 z_0 的方法和结果之间存在较大的差异. 对于均匀下垫表面，20 世纪 80 年代的结果一般小于六七十年代. 其主要原因包括以下几点：

(1) 早期的计算结果来自于有限的观测技术和有限的实验数据；

(2) 对大气湍流的认识不断提高；

(3) 由于文献出版的原因，许多很好的外场实验数据没有被利用；

(4) 实验场地和实验条件的选取不完全合理.

Wieringa 认为，为了获取真实的 z_0 数值，应特别注意实验场地的代表性以及实验站位的选取和来流路径有无不同形式下垫面的跃变. 同时，他建议：计算地表粗糙度时观测高度应在来流路径的 $1/100$ 倍以下，这个倍数与地表粗糙度的数值有关. 表 6.4.1 概括了包括光滑表面、低矮植被表面、有树木或建筑物表面等多种下垫面的地表粗糙度 z_0 的实验结果.

表 6.4.1　不同下垫面类型的地表粗糙度 z_0 数值一览表(引自 Wieringa, 1993)

下垫面类型	地表粗糙度 z_0/m	引用文献数
海面、散砂、雪面	≈ 0.0002	17
三合土、平坦沙漠、潮汐表面	$0.0002 \sim 0.0005$	5
平坦雪地	$0.0001 \sim 0.0007$	4
粗糙冰面	$0.001 \sim 0.012$	4
未开垦土地	$0.001 \sim 0.004$	2
低矮草地、沼泽	$0.008 \sim 0.03$	4
高秆草地、西南属植物	$0.02 \sim 0.06$	5
低矮成熟农作物	$0.04 \sim 0.09$	4
高秆成熟作物(谷物)	$0.12 \sim 0.18$	4
连续灌木	$0.35 \sim 0.45$	2
成熟松林	$0.8 \sim 1.6$	5
热带森林	$1.7 \sim 2.3$	2
密集低矮建筑物(市郊)	$0.4 \sim 0.7$	3
规则建筑物的城镇	$0.7 \sim 1.5$	4

6.4.2　地表粗糙度 z_0 确定的湍流方法

类似于上节计算零值位移 d,利用风速廓线观测资料确定地表粗糙度 z_0 有时是困难和不方便的. 使用地表粗糙元特征确定 z_0 同样也遇到是否能够准确测量或估计粗糙元面积、高度的困难,存在一定的人为主观性,经验性较强、误差较大. Chen 等(1991)提出了一种无须进行风速廓线测量、用单一高度湍流通量观测资料确定地表粗糙度 z_0 的方法. 这种方法可以利用几乎全部的观测资料,在湍流通量测量技术日益普及的今天是一种很有效率的方法.

改写含稳定度修正函数的近地面层通量-廓线关系,为

$$\ln \frac{z-d}{z_0} = \frac{\kappa \bar{u}}{u_*} + \psi_m(\zeta). \qquad (6.4.4)$$

在通量-廓线关系已知,von Karman 常数 κ 和零值位移 d 确定的情况下,利用方程(6.4.4)和一个高度的平均风速 $\bar{u}$,摩擦速度 u_* 的观测值,对稳定度参数 z/L 进行拟合,可得到地表粗糙度 z_0.

为了分析计算结果的误差,在近中性层结下,对方程(6.4.4)求微分,有

$$\frac{\Delta z_0}{z_0} = -\ln\frac{z}{z_0}\left(\frac{\Delta\kappa}{\kappa} + \frac{\Delta(\bar{u}/u_*)}{\bar{u}/u_*}\right) = -\ln\frac{z}{z_0}\left(\frac{\Delta\kappa}{\kappa} + \frac{\Delta\bar{u}}{\bar{u}} - \frac{\Delta u_*}{u_*}\right). \quad (6.4.5)$$

可见，z_0 的计算误差取决于平均风速 $\bar{u}$，摩擦速度 u_* 的观测精度. 另外，von Karman 常数 κ 的选取对地表粗糙度 z_0 的计算也有较大影响. 就目前的湍流探测技术，z/z_0 取值在 100 ~ 1000 之间时，超声风温仪的无因次风速 $\bar{u}/u_*$ 的系统误差可控制在 5% 以内，非系统误差可用多次平均来消除，对地表粗糙度 z_0 产生的误差至少可控制在 23% ~ 35% 以内. 前文讲到，von Karman 常数 κ 的取值范围为 0.3 ~ 0.42，相对变化为 ±9%，由此导致地表粗糙度 z_0 的计算结果的系统误差不可忽略. 当然，这只是极端情况下出现的误差. 总之，使用单一高度的风速和温度脉动资料确定地表粗糙度 z_0，高质量的无因次风速 $\bar{u}/u_*$ 是必要的.

对于中性层结出现概率较低的地区，利用近中性风速廓线外推确定地表粗糙度存在困难，而含稳定度修正的风速廓线拟合法及湍流方法均需要确定湍流参量 u_* 和 L，增大了产生误差的可能性. 为此，何玉斐等(2009)提出了一种仅利用多层精细风廓线确定地表粗糙度的方法——直接拟合法，即当某时刻的大气呈中性层结状态时，风速廓线关系满足

$$\frac{\bar{u}}{u_*} = \frac{1}{\kappa}\ln\frac{z}{z_0}, \quad (6.4.6)$$

风速廓线与纵坐标轴的截距即为地表粗糙度 z_0. 如果对风速廓线的测量值进行最小二乘法强行拟合，当某个拟合结果与中性层结下的风速廓线理论值相符合，则可认为该时刻的大气为中性层结. 根据最小二乘法的原理，定义判断拟合好坏程度的指标参数 χ^2：

$$\chi^2 = \frac{\sum_{i=1}^{N}\left[u_z - u(z, u_*)\right]^2}{\left(\sum_{i=1}^{N} u_z/N\right)^2}, \quad (6.4.7)$$

其中 u_z 是高度 z 的风速测量值，$u(z, u_*)$ 是中性层结下高度 z 的风速理论计算值，N 为不同高度风速的测量层数. χ^2 越小表明该时刻大气层结越接近中性条件. 在 χ^2 小于某个阈值时，认为该时刻近似满足中性层结条件，可以利用此时刻的风速拟合廓线参数计算地表粗糙度 z_0.

假设不同高度的风速测量值和中性层结下风速理论值的差异完全由测量因素引起或小于风速测量的误差 $\Delta u/u$ 时，该时刻风速廓线判断为中性层结下的风速廓线，χ^2 的数值应小于 $N(\Delta u/u)^2$. 风速数值适中时，取风速测量误差 $\Delta u/u$ 约为 1%，则可以选择 $\chi^2 \leq N(\Delta u/u)^2 = 0.0001N$ 作为区别中性层结和非中性层结的判据条件. 最小二乘法的拟合精度可以通过尽可能降低参数 χ^2 的

阈值来实现.

图 6.4.2 给出了利用直接拟合法,对中国西北戈壁地区不同时刻 1.1 m 到 16 m 高度,采用(6.4.7)式计算的指标参数 χ^2 和地表粗糙度 z_0 的关系. 可见, 当表征拟合好坏程度的指标参数 χ^2 越小,即越接近于中性层结,地表粗糙度 z_0 的数值越趋近于同一个结果. 由于地表粗糙度 z_0 主要受局地地形和粗糙元 的影响,而地形和粗糙元在短时间内不会有很大变化,因此这个趋势充分说明 了直接拟合法在时间维度上的自洽性. χ^2 的阈值 $N(\Delta u/u)^2$ 取 0.0005(图 6.4.2 中虚线),将所有满足此阈值条件的 z_0 的数值求平均,得到地表粗糙度 z_0 约为 0.60 mm,标准偏差约为 0.08 mm. 对于同一地区,含稳定度修正的廓 线拟合法的地表粗糙度 z_0 计算结果为 0.78 mm(何玉斐等,2009),证明了直 接拟合法确定地表粗糙度的合理性及可靠性. 图 6.4.2 还显示,弱稳定层结和 弱不稳定层结下的计算结果分别集中于两个不同区域. 其中,弱稳定层结下对 应的 z_0 比实际值偏大,而弱不稳定层结则偏小. 这是近中性层结、弱稳定层 结和弱不稳定层结等不同大气层结条件下风速廓线不同性质在拟合时的具体 反映.

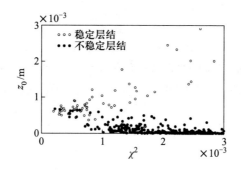

图 6.4.2 风速廓线拟合的指标参数 χ^2 和地表粗糙度 z_0 的关系

(引自何玉斐等,2009)

图 6.4.3 给出了中性层结、弱稳定层结和弱不稳定层结下对风速廓线拟合 确定地表粗糙度的示意图,其中弱稳定层结和弱不稳定层结 L 的理论值分别取 100 和 -100. 如果实测数据满足弱不稳定层结(图 6.4.3 中曲线 A_1, A_2),则 得到的地表粗糙度 z_0 的数值比实际值偏小;而当实测数据满足弱稳定层结时 (图 6.4.3 中曲线 B_1, B_2),同样方法得到的 z_0 数值将偏大.

采用精细风速廓线测量值计算地表粗糙度 z_0 时,风速廓线的最小二乘法 拟合对地表不均一性较敏感,不适用于不均一或较大地表粗糙度的下垫面,直 接拟合法更适用于地表粗糙度小的地区. 另外,直接拟合法仅仅依靠动力作用限制，风速廓线误差的增大易造成离散性增大，即利用直接拟合法计算地表粗糙度 z_0 的相对误差大小取决于平均风速 u 的观测精度，von Karman 常数 κ 和摩擦速度 u_* 对地表粗糙度 z_0 计算结果的误差也有贡献．若只考虑平均风速测量误差 $\Delta u/u$ 的影响，当测量高度为 10 m 时，1% 的平均风速测量误差产生的地表粗糙度相对误差将为 9.2%．

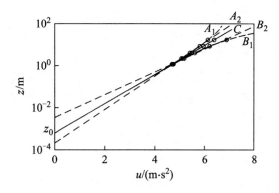

图 6.4.3　中性层结、弱稳定层结和弱不稳定层结下风速廓线拟合结果

中性层结：曲线 C；弱不稳定层结：曲线 A_1，A_2；弱稳定层结：曲线 B_1，B_2

（引自何玉斐等，2009）

第七章　大气湍流观测法与数据处理

大气科学是一门实验性学科,大气湍流作为一个分支,其理论发展和验证更离不开观测实验的结果. 与现代气象学的观测一样,大气湍流观测系统由感应探头、观测平台、数据采集、数据记录以及仪器标定和比对等几方面构成. 大气湍流研究尺度决定了其观测具有响应快速、精度高等特殊性. 特别地,仪器标定是大气湍流观测中非常重要的环节,应包括实验前后的实验室标定和实验过程中的实地与定期标定,可以认为分别是湍流仪器的静态标定和动态标定. 采用不同测量手段或不同测量仪器对同一大气湍流参量进行探测结果之间的比较也是必不可少的,通过它可以了解经过严格独立标定的不同仪器在实际测量环境中的一致性与差异. 大气湍流的直接观测可分为两大类:平均场和湍流场. 前者多使用结构简单、牢固耐用的慢响应感应元件;后者则使用测量精度较高的快响应元件.

传统的大气湍流分析技术是由气象要素的快速涨落信息计算出一系列湍流宏观统计特征量(如各个湍流分量的方差、二阶交叉相关矩等)以及表征大气湍流运动特征的各种尺度和参量(如奥布霍夫长度 L 和摩擦速度 u_*). 湍流运动的微结构研究常常应用自相关谱和互相关谱的分析以及小波分析、希尔伯特-黄变换技术等.

7.1　风杯风速仪测风

7.1.1　风杯风速仪测风的误差

作为近地面层风速测量的重要手段,风杯风速仪具有简单、牢固、可靠以及使用时不必对准风向、风速值与风杯转速成正比等特点. 风杯风速仪已沿用了一百多年. 早在 1850 年,爱尔兰皇家科学院院刊就发表了 Robinson 有关旋转风杯用于风传感器的实验结果(张霭琛,2000).

然而,风杯风速仪不能响应高频的风速脉动,在风速脉动场中用风杯风速仪测量风速存在误差. 例如,由于风杯风速仪对风速脉动的非线性响应,在风速测量过程中,风杯前缘和后侧面之间阻力系数的差别,使杯体在风中转动的同时,也导致了风速增大(增风)时的测量值比风速减小(减风)时有更快的响应,造成风杯风速仪在阵风情形下的读数偏高,即过高效应. 当然,这只是引起过高效应的一种原因.

　　实际大气中，湍流作用使旋转类风杯风速仪的测风结果与实际风速存在差别，其原因来自风杯传感器对风向的敏感程度、动力响应特性、数据处理过程等多方面. MacCready(1966)将旋转类风速仪过高效应的误差分为四类，即 w 误差(w-error)，v 误差(v-error)，u 误差(u-error)和 DP 误差(DP-error)(图 7.1.1)，并表示为

$$u = u_i [(\text{w 误差})(\text{v 误差})(\text{u 误差})][\text{DP 误差}], \qquad (7.1.1)$$

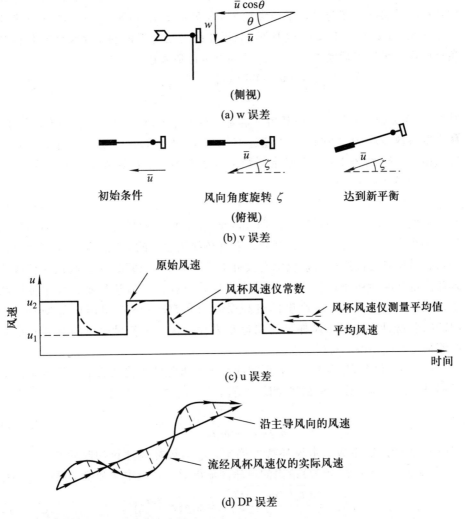

图 7.1.1　旋转类风速仪误差来源类别(引自 MacCready, 1966)

其中 u 为水平风速；u_i 为水平风速测量值；前面的方括号项表示湍流特征对旋转类风速仪测风的误差，其误差大小随湍流特征和仪器的不同而不同；后面的方括号项表示流过测风传感器的风向与平均风向不一致引起的误差，也称为数据处理过程引起的误差．

v 误差是指带有风向标的螺旋桨风速仪随风向脉动的响应，这里不作讨论．

w 误差是由于实际气流方向与风杯水平面不平行造成的，其原因有：风杯转动轴和地面不垂直，实际大气存在上升或下降气流．MacCready(1966)给出中性层结下实际气流与风杯平面夹角为 $\theta = 5°$ 或 $z/z_0 = 100$ 时对应的 w 误差不大于 0.5．Kaganov 和 Yaglom(1976)利用非线性动力近似的小扰动法求解阵风条件的风杯风速仪运动方程，得到 w 误差可近似表达为

$$\delta_w = \frac{\overline{[u_c(t) - u(t)]}}{\bar{u}} = a_5 \left(\frac{\sigma_w}{\bar{u}} \right)^2, \qquad (7.1.2)$$

其中 a_5 为无因次系数，由风杯特性确定．取 $z/z_0 > 20$，$a_5 = 0.7$，稳定层结下，稳定度参数 $z/L > 0.2$ 时的 δ_w 不超过 1%，$z/L > 1$ 时的 δ_w 可以忽略不计；近中性层结下，δ_w 约为 1%；不稳定层结下，典型的 $\sigma_w/\bar{u}$ 数值在 0.10 ~ 0.25 之间，δ_w 可达 1% ~ 6%．

u 误差的产生源自风杯风速仪对风速脉动的非线性响应，是风杯风速仪固有的特性．Izumi 和 Barad(1970)将 Kansas 实验使用的风杯风速仪、超声风温仪和热线风速仪进行水平比较观测，发现热线风速仪的测风结果与超声风温仪一致，风杯风速仪的结果系统偏高接近 15%．Hyson(1972)用热线风速仪作为风速测量基准和初条件代入风杯风速仪运动方程，数值解显示，近中性层结下，风杯风速仪在 1.5 m 高度的过高误差为 0.5% ~ 3%．Busch 和 Kristensen(1976)将统计方法用于风杯风速仪运动方程，认为风杯风速仪的过高效应与湍流强度有关，误差可达 10%．

Kaganov 和 Yaglom(1976)利用非线性动力近似的小扰动法求解阵风条件下风杯风速仪运动方程，依据风速能谱给出了 u 误差的表达式：

$$\delta_u = \frac{a_4}{u^2} \int_0^\infty \frac{\omega^2 t_0^2}{1 + \omega^2 t_0^2} E(\omega) \, d\omega, \qquad (7.1.3)$$

其中 a_4 为无因次系数，由风杯特性确定；t_0 为风杯风速仪的时间常数；$\omega = 2\pi n$．引入 Kaimal 等(1972)给出的风速湍流能谱，在近中性和稳定层结下，有

$$\delta_u = \frac{\overline{[u_c(t) - u(t)]}}{\bar{u}} = a_4 g(p) \left(\frac{\sigma_u}{\bar{u}} \right)^2, \qquad (7.1.4)$$

其中 $g(p)$ 是 p 的某个函数，$p = \left(\frac{5}{3\pi} \sin \frac{3\pi}{5} \right)^{3/2} \frac{z}{2\pi(0.26 f_0) \bar{u} t_0} = \frac{0.057z}{0.26 f_0 \bar{u} t_0}$，$f_0$ 为

风速湍流能谱峰值对应的无因次频率.

Hayashi(1987)将风杯风速仪运动方程中的转矩系数按风杯加速状态和风杯减速状态区分开,研究风杯风速仪对风速脉动的响应,并用实验方法确定了加速状态和减速状态的系数比为 1.28. 风杯风速仪运动方程如下:

加速状态:

$$\frac{\mathrm{d}u}{\mathrm{d}t} = C_\mathrm{A}(u^2 - u_\mathrm{cup}^2),\tag{7.1.5}$$

减速状态:

$$\frac{\mathrm{d}u}{\mathrm{d}t} = C_\mathrm{D}(u^2 - u_\mathrm{cup}^2),\tag{7.1.6}$$

其中系数 C_A 和 C_D 由风杯风速仪的结构和自身特性决定, u 为实际风速值, u_cup 为风速测量值.

假设风速脉动呈正弦响应变化,由于对风杯加速和减速状态采用了不同的转矩系数,风杯风速仪的过高效应对风速脉动不敏感,但数值偏大. 对风杯风速仪风速测量值的时间序列实施逐点修正后,修正结果对应的过高响应降低约 2%,且包含了更高频的风速脉动信息,与作参照的超声风温仪结果在 2 Hz 附近相符.

Chang 和 Frenzen (1990)认为 Hayashi 仅仅对风杯风速仪过高响应的 1/3 进行了修正和补偿,在方程(7.1.5)和方程(7.1.6)中还应引入垂直风速项. 同时,改进风杯风速仪的结构可以减小过高效应的误差.

DP 误差是风向脉动的结果. 当风向不随时间发生变化时,DP 误差是不存在的. 实际大气中的风向不断变化,风杯风速仪感应的是风速模量,不感应风向. 可以说 DP 误差是不同的风速定义造成的. Frenkiel(1951)推导了均匀湍流条件下的水平风速标量平均 u_s 和矢量平均 u_v 之间的一阶近似关系,有

$$u_\mathrm{s} \approx u_\mathrm{v}\Big[1 + \frac{1}{2}\Big(\frac{\sigma_v}{u_\mathrm{v}}\Big)^2\Big],\tag{7.1.7}$$

其中 σ_v 为水平横向风速方差.

可见,风速标量平均总是大于矢量平均. 一般情况下,较大的水平风速对应较小的 σ_v/u_v, u_s 和 u_v 的差别不大;较小风速时, u_s 和 u_v 的差别明显. 由(7.1.7)式可推出近似的 DP 误差表达式:

$$\delta_\mathrm{DP} = \frac{u_\mathrm{s} - u_\mathrm{v}}{u_\mathrm{v}} = \frac{1}{2}\Big(\frac{\sigma_v}{u_\mathrm{v}}\Big)^2.\tag{7.1.8}$$

注意到(7.1.8)式是由水平风速矢量平均和标量平均两种平均方法推导的,与风杯风速仪本身无关.

7.1.2　风杯风速仪测风过高效应的数值分析

　　依据风杯风速仪运动方程，用数值计算方法研究风杯风速仪的过高效应. 沿用方程(7.1.5)和方程(7.1.6)，假设实际水平风速变化呈正弦变化关系：

$$u = \bar{u}\left(1 + S\sin\frac{2\pi t}{T}\right), \tag{7.1.9}$$

其中 $\bar{u}$ 为平均风速，S 为风速脉动的无因次幅值，T 为风速脉动的周期. 为计算方便，设 $u^* = u_{\text{cup}}/\bar{u}$ 和 $t^* = t/T$，代入方程(7.1.5)和方程(7.1.6)，有

$$\frac{\mathrm{d}u^*}{\mathrm{d}t^*} = CT\,\bar{u}\left[(1 + S\sin 2\pi t^*)^2 - u^{*2}\right], \tag{7.1.10}$$

其中风杯风速仪处于加速状态时，系数 C 取 C_{A}；处于减速状态时，系数 C 取 C_{D}. 图 7.1.2 分别给出了 $T\bar{u} = 1,10,100,1000$ m 时，风杯风速仪风速值随时间的变化. 可见，风杯风速仪追随风速脉动的幅值随着 $T\bar{u}$ 数值的增加而增大. 当 $T\bar{u} = 1$ m（风杯风速仪采样频率较高）时，风杯风速仪风速幅值相对实际风速滞后 1/4 个相位. 图 7.1.3 给出了风杯风速仪风速幅值贡献与 $T\bar{u}$ 的关系. 图 7.1.4 给出了风杯风速仪测风的相对误差随 $T\bar{u}$ 的变化关系. 可见，相对误差与 $T\bar{u}$ 关系明显. 当 $T\bar{u}$ 的数值较大时，相对误差趋于很小的数值. 例

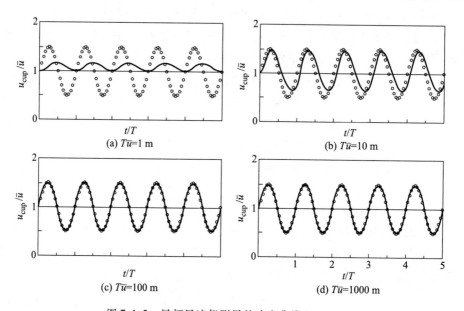

图 7.1.2　风杯风速仪测风的响应曲线($S = 0.5$)

○：风速脉动幅值变化($1 + S\sin 2\pi t^*$)；实线：风杯风速仪测风的响应

（引自张宏昇，1996）

如，当 $S = 0.5$ 时，$T\bar{u} = 1,10,100$ m 对应的相对误差分别约为 9%，3%，0.2%．图 7.1.4 还显示了相对误差随幅值 S 的增大而迅速增大．

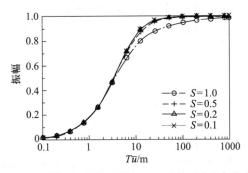

图 7.1.3　风杯风速仪风速幅值贡献与 $T\bar{u}$ 的关系（引自张宏昇，1996）

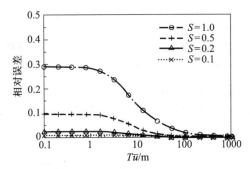

图 7.1.4　风杯风速仪测风的相对误差随 $T\bar{u}$ 的变化关系（引自张宏昇，1996）

7.1.3　风杯风速仪测风 DP 误差的修正

同样可以利用方程(7.1.5)和方程(7.1.6)计算 DP 误差．假设水平纵向风速随时间不变，有 $u_x = \bar{u}$，水平横向风速随时间呈正弦变化关系，有

$$u_y = \bar{u}\left(1 + S\sin\frac{2\pi t}{T}\right), \tag{7.1.11}$$

其中 S 为风速脉动的无因次幅值，T 为风速脉动的周期．水平横向平均风速 $\bar{u}_y = 0$；水平纵向风速方差 $\sigma_u = 0$；水平横向风速方差 $\sigma_v = \bar{u}S/\sqrt{2}$．同样地，设 $u^* = u_{\text{cup}}/\bar{u}$ 和 $t^* = t/T$，代入方程(7.1.5)和方程(7.1.6)，有

$$\frac{\mathrm{d}u^*}{\mathrm{d}t^*} = CT\bar{u}[(1 + S^2\sin^2 2\pi t^*) - u^{*2}], \tag{7.1.12}$$

其中风杯风速仪处于加速状态时，系数 C 取 C_A；处于减速状态时，系数 C 取 C_D．图 7.1.5 分别给出了 $T\bar{u} = 1,10,100,1000$ m 时，风杯风速仪风速值随时间的

响应. 可见, 风杯风速仪追随风速幅值随 $T\bar{u}$ 的增加几乎不变. 当 $T\bar{u}=1$ m（风杯风速仪采样频率较高）时, 风杯风速仪风速幅值对实际水平横向风速响应较差. 图 7.1.6 给出了水平横向风速场中风杯风速仪风速幅值贡献与 $T\bar{u}$ 的关系, 图 7.1.7 给出了水平横向风速场中风杯风速仪测风的相对误差随 $T\bar{u}$ 的变化关系. 可见, 相对误差与 $T\bar{u}$ 几乎无关. 当 $S=1.0,0.5,0.2,0.1$ 时, 水平横向风速湍流强度 $\sigma_v/\bar{u}$ 分别为 $0.707,0.354,0.141$ 和 0.071, 相对误差分别约为 23% , 6% , 1% 和 0.2% .

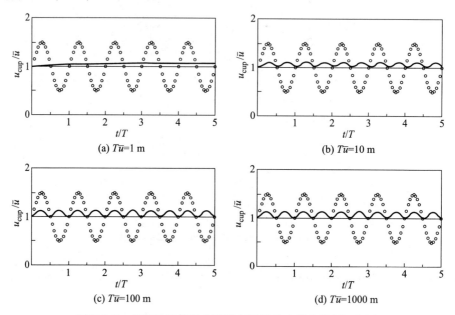

图 7.1.5　风杯风速仪对水平横向风速的响应曲线($S=0.5$)

○：风速脉动幅值变化($1+S\sin 2\pi t^*$)；实线：风杯风速仪测风的响应

(引自张宏昇, 1996)

　　现代的低阈值风杯风速仪测风误差中, u 误差和 w 误差相对较小, DP 误差较大. DP 误差可以用湍流水平横向风速方差进行修正：

$$u_{cup}^{t} = u_{cup}^{m}\Big[1+\frac{1}{2}\Big(\frac{\sigma_v}{\bar{u}}\Big)^2\Big]^{-1}, \qquad (7.1.13)$$

其中 u_{cup}^{m} 和 u_{cup}^{t} 分别为风杯风速仪风速测量值和订正值, σ_v 为水平横向风速方差, $\bar{u}$ 为水平风速平均值. 将近地面层通量-廓线关系代入(7.1.13)式, 有

$$u_{cup}^{t} = u_{cup}^{m}\Big\{1+\frac{1}{2}\Big(\frac{\sigma_v}{u_*}\Big)^2\Big[\frac{\kappa}{\ln(z/z_0)-\psi_m(\zeta)}\Big]^2\Big\}^{-1}. \qquad (7.1.14)$$

可见, 利用水平横向风速归一化标准差 σ_v/u_* 与稳定度参数 z/L 的关系以及通量-廓线关系, 可以对单一风杯风速仪测风结果进行相应的误差订正. 图

7.1.8 是草原地区风杯风速仪测风 DP 误差修正前后的结果对比.

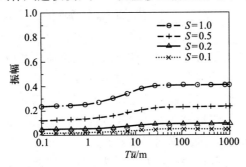

图 7.1.6　水平横向风速场中风杯风速仪风速幅值贡献与 $T\bar{u}$ 的关系
（引自张宏昇，1996）

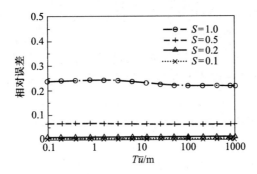

图 7.1.7　水平横向风速场中风杯风速仪测风的相对误差随 $T\bar{u}$ 的变化关系
（引自张宏昇，1996）

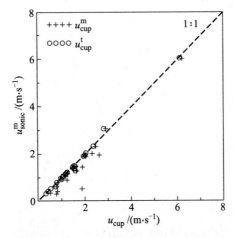

图 7.1.8　草原地区风杯风速仪实测值 u_{cup}^{m} 和订正值 u_{cup}^{t} 与超声风温仪实测值 u_{sonic}^{m} 的对比
（引自张宏昇，1996）

7.2　超声风温仪测风

　　超声风温仪被认为是研究大气湍流微细结构最有效的仪器之一，优点在于其线性响应、不存在转动部分、良好的方向性和频率响应极限较高且仅与声程长度有关．超声风温仪没有热线风速仪易受沾污与易损坏的不足，但测量风速脉动时存在阴影效应，测量温度脉动时受湿度和风速的干扰．本节讨论超声风温仪测风，下节介绍超声风温仪测温的修正．

　　常用的超声风温仪可以测量三方向风速的快速涨落．Kaimal(1969)讨论了三维超声风温仪感应探头轴之间准直度及安装水平度对动量通量测量带来的误差后认为，超声风温仪的准直度应在 $\pm 0.1°$．Friehe(1976)发现，在不稳定层结下，水平风速和垂直风速协方差 $\overline{u'w'}$ 的最大误差约为 -3.5%，水平风速和温度协方差 $\overline{u'\theta'}$ 的最大误差约为 -8.2%，$\overline{u'w'}$ 和 $\overline{w'\theta'}$ 互谱的误差约为 $5\% \sim 11\%$；在稳定层结下，$\overline{u'w'}$ 和 $\overline{w'\theta'}$ 互谱的误差约为 $2\% \sim 5\%$．Kaimal 等(1990)更是提出为了将探头本身造成的流场变性降至最低，应考虑最低的观测高度．

　　对超声风温仪测风影响最大和研究最多的当数阴影效应的订正．图 7.2.1 是两水平探头呈 $120°$ 夹角、声程路径为 20 cm 的超声风温仪(日产 DAT $-300/$ TR -61A 型)的阴影效应．可见，仪器正面中心线与风向的夹角 $\theta < 30°$ 时，阴影效应的误差不超过 5%．图 7.2.2 是两水平探头呈正交形式的超声风温仪(日产 DAT $-300/$TR -61C 型)的阴影效应．同样，仪器正面中心线与风向的夹角 $\theta = 30°$ 时，阴影效应的误差为 5%．

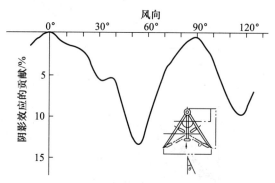

图 7.2.1　DAT $-300/$TR -61A 型三维超声风温仪的阴影效应

20 cm 声程路径(引自 Hanafusa *et al.*, 1982)

　　由于在实际观测时，超声风温仪探头、支架、观测塔等对流场引起的畸变

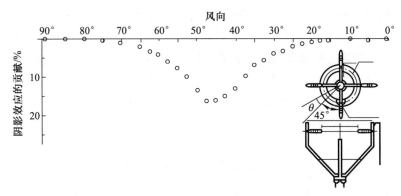

图 7.2.2　DAT − 300/TR − 61C 型三维超声风温仪的阴影效应
20 cm 声程路径(引自 Hanafusa *et al.*, 1982)

同样影响观测结果,超声风温仪阴影效应的订正对结果的影响并不明确. 目前还不十分清楚如何区别两种因素. 另外,阴影效应的讨论和分析多数是基于风洞实验的,实际大气运动与风洞中的流场存在差别,风洞实验结果能否直接应用于实际的大气湍流观测还需进一步研究.

7.3　超声风温仪测温

大气湍流研究多采用超声风温仪或金属丝温度仪进行温度脉动的测量. 超声风温仪测温依赖于声速,而声速受空气湿度和水平风速的影响. 超声风温仪声脉冲沿声程顺风和逆风而行的传输时间 t_1, t_2 的表达式分别如下:

$$t_1 = \frac{D[(C^2 - V_n^2)^{1/2} - V_d]}{C^2 - V^2}, \tag{7.3.1}$$

$$t_2 = \frac{D[(C^2 - V_n^2)^{1/2} + V_d]}{C^2 - V^2}, \tag{7.3.2}$$

其中 D 为超声风温仪的声程路径, C 为静止空气中的声速, V_n 和 V_d 分别为平行和垂直于声程路径方向的风速, $V = \sqrt{V_n^2 + V_d^2}$. 静止空气中的声速 C 为

$$C = 20.067\sqrt{T_{sv}} = 20.067\sqrt{T\left(1 + 0.32\frac{e}{p}\right)}, \tag{7.3.3}$$

其中 T_{sv} 为声绝对虚温, T 为空气热力学温度, e 为水汽压, p 为大气压.

将传输时间 t_1, t_2 相加,有

$$t_1 + t_2 = \frac{2D(C^2 - V_n^2)^{1/2}}{C^2 - V^2}. \tag{7.3.4}$$

于是,温度的测量就变成了时间 $t_1 + t_2$ 的测量(Kaimal, 1975;Wyngaard,

Cote，1971）. 超声风温仪温度测量值 T_{SM} 可表示为

$$T_{SM} = T(1 + 0.51q) - V_n^2/\gamma R, \qquad (7.3.5)$$

其中 T 为空气热力学温度，q 为比湿，空气的 γR 为 403 $m^2 \cdot s^{-2} \cdot K$.

整理(7.3.5)式，得到超声风温仪测温计算值 T_{SC} 为

$$T_{SC} = T = (T_{SM} + V_n^2/\gamma R)/(1 + 0.51q). \qquad (7.3.6)$$

对(7.3.6)式进行雷诺分解，推导出超声风温仪温度方差和感热通量分别为

$$\sigma_{T_{SC}}^2 = \sigma_{T_{SM}}^2 - (1.02\,\overline{T}\,\overline{T'q'} - 4\overline{u}\,\overline{u'T'}/\gamma R + 0.26\,\overline{T}^2\sigma_q^2$$
$$\text{①} \qquad\qquad \text{②} \qquad\qquad \text{③} \qquad\qquad \text{④}$$
$$- 2.04\overline{u}\,\overline{T}\,\overline{u'q'}/\gamma R + 4\overline{u}^2\sigma_u^2/\gamma^2 R^2), \qquad (7.3.7)$$
$$\text{⑤} \qquad\qquad\qquad \text{⑥}$$

$$\overline{w'T'_{SC}} = \overline{w'T'_{SM}} - (0.51\,\overline{T}\,\overline{w'q'} - 2\overline{u}\,\overline{u'w'}/\gamma R). \qquad (7.3.8)$$
$$\text{①} \qquad\qquad \text{②} \qquad\qquad \text{③}$$

可见，超声风温仪的温度方差测量值 $\sigma_{T_{SM}}$ 和感热通量测量值 $\overline{w'T'_{SM}}$ 并非真实的温度方差 σ_T 和感热通量 $\overline{w'T'}$，应扣除湿度和水平风速的影响. 其中，在不稳定层结下，湿度对温度方差结果的误差可达 5% ~ 10%；在近中性层结下，达 13%. 风速不够大时，方程(7.3.7)右边第③ ~ ⑥项相对于第①项很小，只需做第②项修正即可满足精确度要求，即湿度对超声风温仪测温的影响起主要作用. 当稳定度参数 $|z/L| > 0.2$ 时，只有反映湿度与温度相关的第②项以及反映水平热通量的第③项有作用；当 $|z/L| < 0.2$ 时，第② ~ ⑥项都不可忽略. Kaimal 和 Gaynor(1991)给出在进行了水平风速修正后，超声风温仪的温度测量值十分接近虚温.

图 7.3.1 给出了戈壁地区温度标准差的超声风温仪实测值 $\sigma_{T_{SM}}$ 与铂丝温度仪实测值 σ_{T_P} 的对比. 总体上，有 $\sigma_{T_{SM}} > \sigma_{T_P}$，强迫过零的相关系数达 0.9939，拟合线坡度为 1.031. 对超声风温仪温度的测量值按方程(7.3.7)进行修正，$\sigma_{T_{SC}}$ 与 σ_{T_P} 的一致性有约 2% 的改善，强迫过零的相关系数为 0.9943，拟合线坡度为 1.009.

同样，图 7.3.2 给出了戈壁地区超声风温仪获取的感热通量 $\overline{w'T'_{SM}}$ 与铂丝温度仪获取的感热通量 $\overline{w'T'_P}$ 的对比. 总体上，也有 $\overline{w'T'_{SM}} > \overline{w'T'_P}$，强迫过零的相关系数为 0.9975，拟合线坡度为 1.011. 根据方程(7.3.8)对超声风温仪感热通量进行修正，得到 $\overline{w'T'_{SC}}$，订正量约为 1.4%.

图 7.3.3 显示的郊区的一组实测数据清晰地说明了湿度和水平风速对超声风温仪测温的误差. 图 7.3.3(a)给出了超声风温仪温度测量值 T_{SM}，方程(7.3.5)计算值 T_{SC} 和实际温度的 5 s 平均时间序列曲线；图 7.3.3(b)，(c)，

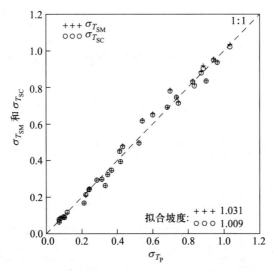

图 7.3.1　温度标准差的铂丝温度仪测量值 σ_{T_P} 与超声风温仪测量值 $\sigma_{T_{SM}}$ 及方程(7.3.7)计算值 $\sigma_{T_{SC}}$ 的对比(引自张宏昇, 1996)

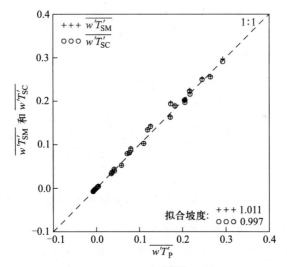

图 7.3.2　感热通量铂丝温度仪测量值 $\overline{w'T_P'}$ 与超声风温仪测量值 $\overline{w'T_{SM}'}$ 和方程(7.3.8)计算值 $\overline{w'T_{SC}'}$ 的对比(引自张宏昇, 1996)

(d), (e)分别为湿度订正因子 $0.51qT$, 风速订正因子 $V_n^2/\gamma R$, 水平风速 V_n 和比湿 q 的 5 s 平均的时间序列曲线. 可见, 经过湿度和风速修正的超声风温仪温度测量值 T_{SC} 与实际温度 T 一致. 湿度增大, 超声风温仪温度测量值随之增大, 反之亦然, 符合超声风温仪测温原理以及声速与湿度的关系. 风速同样有

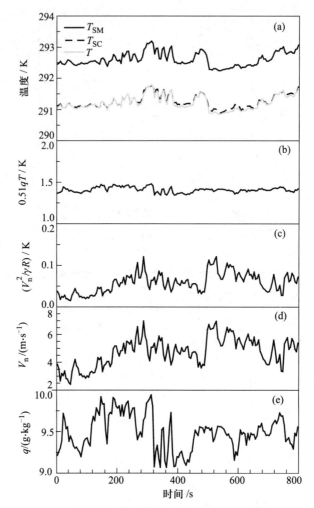

图 7.3.3　5 s 平均时间序列曲线(引自张宏昇，陈家宜，1998)

类似的关系，但 V_n 与 T_{SM} 的变化关系相反.

　　图 7.3.4 给出了温度方差实际值与超声风温仪温度方差测量值和方程 (7.3.7) 计算值的对比. 在不稳定层结下，超声风温仪温度方差的测量值平均偏高约 10%；在稳定层结下，平均偏低约 5%. 经过湿度和风速修正，超声风温仪温度方差测量值 $\sigma_{T_{SC}}$ 与实际较为接近.

　　将方程 (7.3.7) 中第②～⑥项用 σ_T^2 做归一化，其数值与 z/L 的关系见图 7.3.5. 可见，方程 (7.3.7) 的第②项始终起较大作用；当 $|z/L| < 1$ 时，第③～⑥项对 $\sigma_{T_{SC}}$ 有一定的贡献；当 $|z/L| > 1$ 时，第③～⑥项相比第②项很小，可以忽略. 考虑到方程 (7.3.7) 中的温度湿度相关项(第②项)和水平热通量项

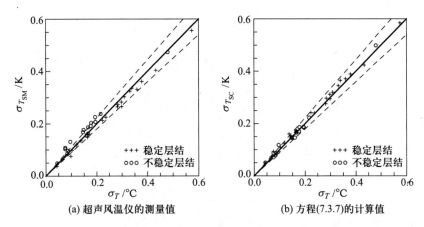

图 7.3.4　温度方差实际值与超声风温仪测量值和方程(7.3.7)计算值的对比

对角线斜率为 1，虚线斜率分别为 1.1 和 0.9(引自张宏昇，陈家宜，1998)

(第③项)分别为湿度和水平风速对超声风温仪温度测量的主要影响因子，可以认为：对超声风温仪温度测量值进行订正时，湿度的影响略大于风速的影响；当 $|z/L|>1$ 时，湿度起主要作用，风速影响可以忽略；当 $|z/L|<1$ 时，湿度和风速的影响同等重要.

　　类似地，超声风温仪获取的感热通量 $\overline{w'T'_{SM}}$ 也应扣除湿度和水平风速的影响(方程(7.3.8)中的第②，③项). 图 7.3.6 给出了感热通量实际值与超声风温仪测量值 $\overline{w'T'_{SM}}$ 和方程(7.3.8)计算值的对比. 在不稳定层结下，超声风温仪获取的感热通量偏高约 10%；在稳定层结下，呈偏低趋势. 经过湿度和风速修正后的数值与实际值更为接近.

　　用 $\overline{w'T'}$ 对方程(7.3.8)中第②，③项做归一化(图 7.3.7). 在较宽的稳定度范围内，方程(7.3.8)中的第②项始终起较大作用；当 $|z/L|<1$ 时，第③项对 $\overline{w'T'_{SM}}$ 有一定贡献；当 $|z/L|>1$ 时，第③项相对第②项很小，可以忽略. 也就是说，水汽通量项对感热通量有作用，风速剪切项的作用可以忽略. 在近中性层结下，温度脉动较小，方程(7.3.8)中的第②，③项都有一定的作用.

　　图 7.3.8 给出超声风温仪温度测量值 T_{SM} 和实际值 T 的频谱曲线的对比，清晰地说明了超声风温仪测温的频率响应及仪器支架的影响，其中不稳定层结的数据为 $\overline{u}=5.85\ \mathrm{m\cdot s^{-1}}$，$q=9.22\ \mathrm{g\cdot kg^{-1}}$，$z/L=-0.53$，$\sigma_T=0.22℃$；稳定层结的数据为 $\overline{u}=3.04\ \mathrm{m\cdot s^{-1}}$，$q=9.45\ \mathrm{g\cdot kg^{-1}}$，$z/L=1.54$，$\sigma_T=0.067℃$. 在惯性区高频端，无因次频率 $f=nz/\overline{u}$ 在 0.01 附近有一频率阈值. 低于此阈值时，超声风温仪温度谱密度 $nS_T(n)/\sigma_T^2$ 与无因次频率 $f=nz/\overline{u}$ 呈 $-2/3$ 幂次关

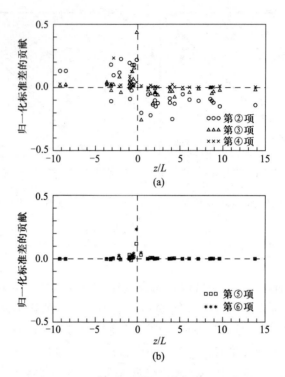

图 7.3.5 方程(7.3.7)中第②~⑥项用 σ_T^2 做归一化后与 z/L 的关系
(引自张宏昇，陈家宜，1998)

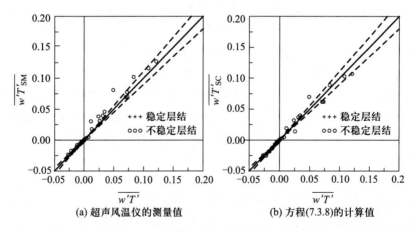

图 7.3.6 感热通量实际值与超声风温仪感热通量测量值和方程(7.3.8)计算值的对比
对角线斜率为 1，虚线斜率分别为 1.1 和 0.9(引自张宏昇，陈家宜，1998)

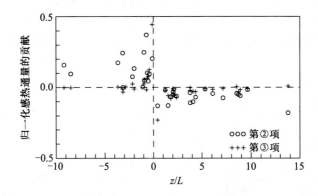

图 7.3.7　方程(7.3.8)中第②,③项用 $\overline{w'T'}$ 做归一化后与 z/L 的关系
(引自张宏昇,陈家宜,1998)

系;高于此阈值时,呈 +1 幂次关系. 这说明超声风温仪测温受白噪声干扰明显.

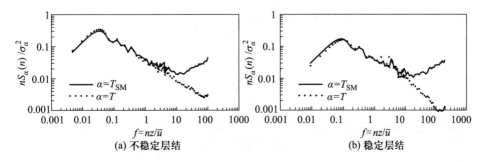

图 7.3.8　归一化温度谱随 $f = nz/\bar{u}$ 的变化关系(引自张宏昇,陈家宜,1998)

利用数字信号处理技术,在温度脉动的实际时间序列中叠加随机干扰信号,并计算其频谱密度. 具体做法如下:

(1) 产生一个与温度脉动实测信号等长度的随机序列信号(白噪声信号),最大幅值范围分别为 ±0.005℃, ±0.01℃, ±0.025℃, ±0.05℃ 和 ±0.1℃, 相应的方差分别为 $\sigma = 0.003, 0.006, 0.014, 0.028$ 和 0.057;

(2) 将随机序列信号叠加在温度脉动实测信号上,得到混有随机干扰信号的新温度脉动数据序列;

(3) 具体实施时,选取温度方差 σ_T 分别为 $0.076, 0.208$ 和 0.285 的三组实际信号,叠加随机干扰信号.

图 7.3.9 给出了相应的温度谱密度曲线. 可见,叠加随机白噪声信号后,

温度谱密度曲线呈现上翘现象，说明白噪声信号确实是超声风温仪测量的干扰源之一. 随着叠加的随机干扰信号强度的增加，高频段谱曲线上翘强度增加，开始上翘位置对应的无因次频率降低. 图 7.3.9 同时说明了超声风温仪测温精度约为 0.05℃. 表 7.3.1 给出了叠加随机白噪声信号前后超声风温仪温度方差测量值和实际值的对比.

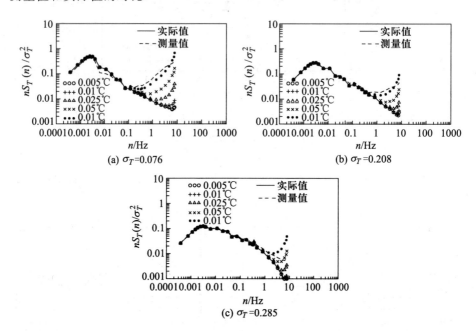

图 7.3.9　超声风温仪温度谱密度测量值与实际值叠加随机白噪声信号后结果的对比
（引自张宏昇，1996）

表 7.3.1　叠加随机白噪声信号前后温度方差的变化一览表　　　　（单位：℃）

实际值 σ_T	超声风温仪测量值 σ_{T_S}	叠加随机白噪声信号后的温度方差				
		白噪声信号，$\sigma = 0.003$，幅值范围为 ± 0.005℃	白噪声信号，$\sigma = 0.006$，幅值范围为 ± 0.01℃	白噪声信号 $\sigma = 0.014$，幅值范围为 ± 0.025℃	白噪声信号 $\sigma = 0.028$，幅值范围为 ± 0.05℃	白噪声信号 $\sigma = 0.057$，幅值范围为 ± 0.1℃
0.076	0.090	0.076	0.076	0.077	0.081	0.095
0.208	0.218	0.208	0.208	0.209	0.210	0.216
0.285	0.296	0.285	0.285	0.285	0.286	0.290

7.4　湍流数据处理系统

传统的大气湍流数据处理包括：物理量转换、数字滤波、野点剔除、仪器学订正、坐标变换、趋势项剔除、湍流宏观量计算、湍流微观量计算（如功率谱、协谱、扩散参数等）以及结果输出（图 7.4.1）. 最常用的大气湍流数据处理方法——涡动相关法是基于若干假设之上的，这些假设必须被有效控制，如果不满足则需要进行必要的修正. 例如，大气湍流数据分析中，定常和平稳条件的检验十分重要.

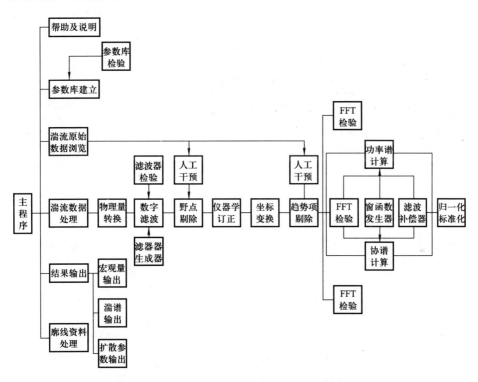

图 7.4.1　湍流数据处理流程图（引自张宏昇等，2001）

另外，因大气湍流实验中涉及多种测量信号，很可能出现这样的情况，在同一个时刻观测的多种大气参量的数据并没有标记同一个时刻. 典型的例子有：附有气体采样和超声风温仪的测量系统，抽气管内气体流速的不同，浓度测量值可能会落后于风速脉动. 此时，需要采用对垂直风速经过延迟确定的时间序列平移，应用交叉相关分析方法获得最大的交叉相关系数. 在时间被平移之后，才可以进行初始协方差及后续的计算.

7.4.1　湍流数据的数字滤波

数字滤波是去除混杂在湍流数据中各种形式的干扰和噪声的有效方法之一. 数字滤波器一般分为两大类：有限冲击响应（FIR）和无限冲击响应（IIR）. 鉴于无限冲击响应数字滤波器不能得到精确的线性相位，一般多采用有限冲击响应滤波器. 表 7.4.1 给出了常用的滤波方法，图 7.4.2 给出了相应的滤波函数曲线. 常用的多点平均、高斯平均等滤波方法，其旁瓣电平及波纹较大，通带的失真明显. 而 33 阶有限冲击响应滤波器将旁瓣电平压至很小，同时较好地抑制了通带和阻带的纹波，转变带宽也很小. 滤波器阶数取 33 阶是基于既要保证滤波器波纹系数较小，又要使滤波器频响曲线下降较快的考虑.

表 7.4.1　常用的湍流数据滤波方法一览表

滤波方法	滤波函数	频响曲线
三点平均	$y_n = 0.25(x_{n-1} + x_{n+1}) + 0.5x_n$	图 7.4.2(a)
九点平均	$y_n = \dfrac{1}{9}\sum_{i=-4}^{4} x_{n+i}$	图 7.4.2(b)
高斯平均	$y_n = 0.01(x_{n-4} + x_{n+4}) + 0.05(x_{n-3} + x_{n+3})$ $+ 0.12(x_{n-2} + x_{n+2}) + 0.2(x_{n-1} + x_{n+1}) + 0.24x_n$	图 7.4.2(c)
FIR 滤波器	33 阶	图 7.4.2(d)

7.4.2　湍流数据的野点剔除

"野点"是处理大气湍流数据过程中的一个既棘手而又必须解决的问题. 一般采用格拉布斯法则判断野点，具体如下：

对某大气湍流参量的一组观测数据 $V_1, V_2, \cdots, V_n$，若某一测量值 V_i 满足

$$|V_i - \overline{V}| > \lambda\sigma, \tag{7.4.1}$$

其中 $\overline{V} = \dfrac{1}{n}\sum_{i=1}^{n} V_i$，$\sigma$ 为标准差，λ 为系数（取值视具体情况而定，如 $\lambda = 2.482$（周作元，李莞先，1986）），则该数据点 V_i 视为野点，应给予剔除，并用相邻数据进行插补.

需要强调的是：

（1）每次剔除野点并补点后，应按照（7.4.1）式再次判别，直至剔除所有

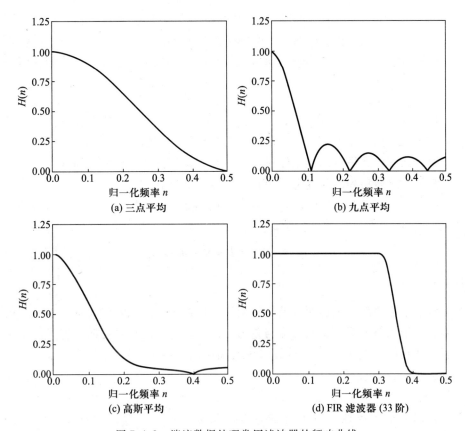

图 7.4.2　湍流数据处理常用滤波器的频响曲线

野点为止;

（2）由于可能同时出现多个野点,应先剔除最大者,再依次判别;

（3）当一组湍流数据的野点数目超过 1%,则应考虑该组数据的可靠性.

7.4.3　湍流数据的坐标旋转(倾斜修正)

垂直方向的平均风速等于零是应用涡动相关法的基本条件之一,否则需要进行相应的倾斜修正,包括将水平坐标轴旋转到平均风方向、垂直方向倾斜修正等(Kaimal, Finnigan, 1994; Foken, 2008),一般需进行 2 ~3 次旋转:

第一次旋转:将坐标轴系统围绕着垂直方向的 z 轴旋转到平均风的方向.

利用测量获取的风速分量(下标为 m),新的风速分量可以由下列变换式得到:

$$u_1 = u_m \cos\theta + v_m \sin\theta, \qquad (7.4.2a)$$

$$v_1 = -u_m \sin\theta + v_m \cos\theta, \qquad (7.4.2b)$$

$$w_1 = w_m, \qquad (7.4.2c)$$

其中 $\theta = \arctan\dfrac{\overline{v_m}}{\overline{u_m}}$.

Foken(2008)认为,对于某一个已经对准了平均风向并且只有较小风向波动(<30°)的超声风温仪的测量结果可以忽略这一旋转.

第二次旋转:围绕新的 y 轴做旋转,直到垂直方向平均风速为零.

第二次旋转后新的风速分量可由下列变换式得到:

$$u_2 = u_1 \cos\phi + w_1 \sin\phi, \qquad (7.4.3a)$$

$$v_2 = v_1, \qquad (7.4.3b)$$

$$w_2 = -u_1 \sin\phi + w_1 \cos\phi, \qquad (7.4.3c)$$

其中 $\phi = \arctan\dfrac{\overline{w_1}}{\overline{u_1}}$.

对于平坦地形,上述两步的坐标旋转可以修正超声风温仪在垂直方向上的误差. 对于倾斜地形,流线可能与重力方向不垂直,旋转对短期平均可能出现问题,如短时对流天气、传感器探头流场扭曲. 因为这些效应对风速分量有显著影响,但与旋转无关,所以第二步的旋转有时存在争议,其争议主要在于如何实施旋转. 具体地,可以在短时间内(如 5 min),利用低通滤波获得垂直方向的平均风速,再进行垂直方向坐标旋转. 需要注意的是,长时间平均也会出问题. 例如,在对流或者低风速情形,典型的旋转角能够达到20°~40°. 有时引入围绕 x 轴进行第三次旋转是必要的(McMillen,1988;Foken,2008).

所谓的第三次旋转,是为了消除与平均风方向正交的垂直方向和水平方向的风速分量之间的协方差,其对应的风速分量变换公式如下:

$$u_3 = u_2, \qquad (7.4.4a)$$

$$v_3 = v_2 \cos\psi + w_2 \sin\psi, \qquad (7.4.4b)$$

$$w_3 = -v_2 \sin\psi + w_2 \cos\psi, \qquad (7.4.4c)$$

其中 $\psi = \arctan\dfrac{\overline{v_2 w_2}}{\overline{v_2^2} - \overline{w_2^2}}$.

第三次旋转不会显著影响湍流通量. 一般地,进行前两次旋转已经足够. 图 7.4.3 给出了风速坐标旋转的示意图.

Foken(2008)描述了一种旋转到平均流场方向的旋转,称作平面匹配(planar-fit)法. 该方法可以在较长时间段内,对某地点的平均风流场的变化进

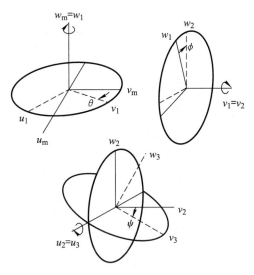

图 7.4.3　风速坐标旋转示意图

m 下标代表观测值，数字下标代表旋转的次数

（引自 Foken，2008）

行估计. 应用该方法时，测量仪器的取向和位置不能随时间改变，因此建议将超声风温仪和倾角测量仪结合使用. 平面匹配法可以用矩阵描述，即

$$\boldsymbol{u}_{\mathrm{p}} = \boldsymbol{P}(\boldsymbol{u}_{\mathrm{m}} - \boldsymbol{c}), \tag{7.4.5}$$

其中 $\boldsymbol{u}_{\mathrm{m}} = (\bar{u}_{\mathrm{m}}, \bar{v}_{\mathrm{m}}, \bar{w}_{\mathrm{m}})$ 是风速矢量的测量值，$\boldsymbol{u}_{\mathrm{p}} = (\bar{u}_{\mathrm{p}}, \bar{v}_{\mathrm{p}}, \bar{w}_{\mathrm{p}})$ 是经平面匹配法旋转后的风速矢量，$\boldsymbol{c} = (c_1, c_2, c_3)$ 是补偿矢量，$\boldsymbol{P} = (P_{ij})$ 是变换矩阵. 补偿矢量 $\boldsymbol{c}$ 十分必要，因超声风温仪造成的流场畸变形成一个小的垂直风速，此时需要一个非零的 c_3. 较大风速时，水平风分量补偿可以忽略. 平面匹配法的旋转方程可表示为

$$\bar{u}_{\mathrm{p}} = P_{11}(\bar{u}_{\mathrm{m}} - c_1) + P_{12}(\bar{v}_{\mathrm{m}} - c_2) + P_{13}(\bar{w}_{\mathrm{m}} - c_3), \tag{7.4.6a}$$

$$\bar{v}_{\mathrm{p}} = P_{21}(\bar{u}_{\mathrm{m}} - c_1) + P_{22}(\bar{v}_{\mathrm{m}} - c_2) + P_{23}(\bar{w}_{\mathrm{m}} - c_3), \tag{7.4.6b}$$

$$\bar{w}_{\mathrm{p}} = P_{31}(\bar{u}_{\mathrm{m}} - c_1) + P_{32}(\bar{v}_{\mathrm{m}} - c_2) + P_{33}(\bar{w}_{\mathrm{m}} - c_3). \tag{7.4.6c}$$

平均风流场的平面匹配坐标系的特征是 $\bar{w}_{\mathrm{p}} = 0$. 对倾斜角度，有

$$\bar{w}_{\mathrm{m}} = c_3 - \frac{P_{31}}{P_{33}}\bar{u}_{\mathrm{m}} - \frac{P_{32}}{P_{33}}\bar{v}_{\mathrm{m}}, \tag{7.4.7}$$

其中 $P_{31} = \sin\alpha$，$P_{32} = \cos\alpha\sin\beta$，$P_{33} = \cos\alpha\cos\beta$，$\alpha$，$\beta$ 为两次旋转的角度. 具体实施时，首先围绕着 y 轴旋转 α 角，再围绕 x 轴旋转 β 角，旋转角度大约为几度. 图 7.4.4 为平面匹配法的示意图.

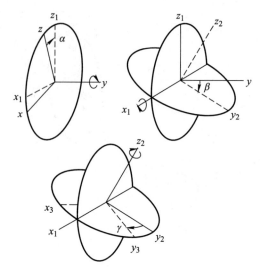

图 7.4.4　平面匹配法的示意图

上图：多元线性回归后的两次旋转；下图：一次旋转至平均风场的旋转

（引自 Foken，2008）

　　如果不同风向或者风速下的旋转角度不同，则需要对风向分区间或者风速分级别分别进行旋转.

　　最后，做旋转 $\chi = \arctan \dfrac{\overline{v}_{\mathrm{p}}}{\overline{u}_{\mathrm{p}}}$，转到平均风方向.

7.4.4　湍流数据的趋势项剔除

　　趋势项剔除是为消除观测系统的零点偏移或天气系统的缓慢变化，提取湍流信号的过程. 具体计算过程中，因趋势项剔除涉及频率较低，甚至可能与湍流的低频区间有重叠，因此选取趋势项剔除的回归方程需慎重. 处理采样长度（1 h）内的湍流数据常常选用回归方程

$$y_n = \sum_{i=1}^{k} C_i x^{i+1}. \tag{7.4.8}$$

经验证，上式中 C_{i+1} 比 C_i 偏小约 3 ~ 5 个数量级. 一般地，趋势项剔除的回归方程取到 2 次就足够了.

7.4.5　湍流谱的高频段修正

　　进行湍流谱分析时，时间分辨率（时间常数）、测量路径长度以及不同测

量路径之间的差别应做修正处理. 首先, 应从原始湍流数据中提取与稳定度参数相关的谱函数(Kaimal *et al.*, 1972), 并注意谱函数的适用性. 对于固定路径长度 d 的超声风温仪垂直风速 w 和用于测量某湍流通量参数 x 的传感器, 总体传递函数可表示为(Foken, 2008)

$$T_{w,x}(f) = [\,T_{\tau,x}(f)\,]^{1/2}[\,T_{s,x}(f)\,]^{1/2}[\,T_{d,w}(f)\,]^{1/2}[\,T_{d,x}(f)\,]^{1/2}T_{s,w,x}(f),$$

$$(7.4.9)$$

其中 τ 为时间常数, s 为两传感器的间隔, $T_{\tau,x}(f)$ 为某一湍流通量参数 x 和时间常数 τ 的传递函数, 其他项类似.

如果传感器方向沿着平均风方向, 则对上述交叉相关进行修正就可以部分地完成谱修正.

7.4.6　湍流谱的低频段修正

有限采样时间往往减少了湍流频谱低频端的信息. 总体上, 可以通过消除趋势延长平均间隔来解决, 且多数情况下仅仅扣除线性趋势就已经足够了, 但不足是与湍流通量不相关的一些低频现象会对湍流通量计算结果有贡献(Finnigan *et al.*, 2003; Foken, 2008). 因此, 建议检验湍流通量计算值是否能在平均时段内取得最大值, 即通过累积曲线(ogive)测试(Foken, Oncley, 1995; Oncley *et al.*, 1990). 该检验是通过从最高频率开始计算湍流协谱的累积积分进行的, 累积曲线 Og_{uw} 与协谱 C_{uw} 的关系为

$$Og_{uw}(f_0) = \int_{-\infty}^{f_0} C_{uw}(f)\ \mathrm{d}f. \qquad (7.4.10)$$

若(7.4.10)式的积分值在低频段达到一个定值, 且增加平均时间间隔对结果没有显著影响, 则一般不需要做湍流谱的低频段修正.

Foken(2008)指出, 约有80%个例的累积曲线值在 30 min 平均时间内收敛, 而其余个例主要处于非定常条件, 累积曲线值不收敛或者在积分时间短于 30 min 时已经出现了最大峰值. 对湍流谱低频段应用累积曲线修正后, 湍流通量数值约有小于5%的增加.

7.4.7　WPL 修正

使用涡动相关法获取 CO_2 等痕量气体的湍流通量时, 热量和水汽传输会引起空气体积的变化, 造成待测气体密度中包含了一部分体积变化产生的变化, 以及气体浓度计量单位是单位体积而不是单位质量的影响, 由此对气体通量结果产生影响, 即物质的增加和减少并不是真实的. Webb 等(1980)给出了 WPL 修正的方法, 并讨论了密度修正的必要性. WPL 修正由 Webb, Pearman

和 Leuning 的名字命名，曾被称作 Webb 修正. 对此问题，Fuehrer 和 Friehe (2002)等曾专门做过做综述.

经典的 WPL 修正是用物质浓度 c 表征的湍流通量：

$$F_c = \overline{\rho w c} = \overline{\rho w}\ \bar{c} + \overline{\rho w' c'}. \tag{7.4.11}$$

引入 $\rho_c = \rho c$，则有

$$F_c = \overline{\rho w c} = \bar{w}\ \bar{\rho}_c + \overline{w' \rho_c'}, \tag{7.4.12}$$

含有平均垂直风速修正项的关系为

$$F_c = \overline{w' \rho_c'} + \bar{c}\ \frac{H}{c_p \bar{\theta}}\Big[1 + 1.61\ \frac{c_p \bar{\theta}}{L_v}(1 - 0.61\ \bar{q})\ \frac{1}{B} \Big], \tag{7.4.13}$$

其中 B 为 Bowen 比.

当气体的脉动小于平均浓度时，WPL 修正较大. 例如，CO_2 通量的典型修正达到了 50%，而潜热通量的修正仅为百分之几. 其原因在于 Bowen 比的影响，而且潜热通量的方向往往与气体通量相反. 若使用涡动相关法计算前将水汽浓度的单位转换为干空气的单位($mol \cdot mol^{-1}$)，则无法应用 WPL 修正将体积转换为质量值.

Webb 等(1980)在推导过程中采用了干空气假定，高估了水汽的作用，但在较干的下垫面有较好的应用效果. Liu(2005)对湿空气做了进一步修正，指出干空气和湿空气两种情况下的 CO_2 通量结果有显著区别，并提出了不需要任何假定条件直接由湿空气密度的变化推导潜热通量和 CO_2 通量的修正方法：

$$LE = \overline{w' \rho_v'} + \frac{\bar{\rho}_v}{\bar{\rho}}(\mu - 1)\ \overline{w' \rho_v'} + \frac{\bar{\rho}_a}{\bar{\rho}}\bar{\rho}_v(1 + \mu\sigma)\ \frac{\overline{w' \theta'}}{\bar{\theta}}, \tag{7.4.14}$$

$$F_c = \overline{w' \rho_c'} + \frac{\bar{\rho}_c}{\bar{\rho}}(\mu - 1)\ \overline{w' \rho_v'} + \frac{\bar{\rho}_a}{\bar{\rho}}\bar{\rho}_c(1 + \mu\sigma)\ \frac{\overline{w' \theta'}}{\bar{\theta}}, \tag{7.4.15}$$

其中 w' 为垂直风速脉动值；$\bar{\rho}_v$ 和 ρ_v' 分别是水汽密度的平均值和脉动值，$\bar{\rho}$ 为空气密度，$\bar{\rho}_a$ 为干空气密度；$\bar{\rho}_c$ 为 CO_2 的密度，$\bar{\theta}$ 和 θ' 分别是大气温度的平均值和脉动值，$\mu = \mu_a / \mu_v$ 为空气和水汽分子摩尔质量比，$\sigma = \bar{\rho}_v / \bar{\rho}_a$ 为平均水汽密度和干空气密度比.

为估算潜热通量和 CO_2 通量，Guo 等(2009)取温度 θ 为参考标量，得到下面的方程：

$$\frac{\overline{w' s'}}{\overline{w' \theta'}} = \frac{R_{ws}\sigma_w \sigma_s}{R_{w\theta}\sigma_w \sigma_\theta} = \frac{R_{ws}}{R_{w\theta}}\frac{\sigma_s}{\sigma_\theta}, \tag{7.4.16}$$

其中 s 代表标量(如比湿 q)，R_{ws} 和 $R_{w\theta}$ 分别为 w' 与 s' 和 w' 与 θ' 的相关系数. 标量相关系数 $R_{w\theta}$，R_{wq} 和 R_{wc} 也可被分别视作感热、潜热和 CO_2 的垂直输送效率，

变化范围在 0(无相关)至 1(完全相关)之间. 此外，如将比值

$$\lambda_{\theta s} = R_{w\theta}/R_{ws}$$

称为热量与标量 s 的相对输送效率，方程(7.4.16)可转化为

$$\frac{\overline{w's'}}{\overline{w'\theta'}} = \lambda_{\theta s}^{-1}\frac{\sigma_s}{\sigma_\theta}. \tag{7.4.17}$$

选取

$$\lambda_{\theta c} = -f(-R_{\theta c},M) = -(-R_{\theta c})^M.$$

当水文气象条件介于湿润与干旱之间($0.1 < B \leqslant 1$)时，将 $\lambda_{\theta q}$ 表示为 $R_{\theta q}$ 与 B 的函数：

$$\lambda_{\theta q} = f(R_{\theta q},K) = R_{\theta q}^K, \tag{7.4.18}$$

其中指数 K 为 Bowen 比 B 的分段函数，有

$$K = \begin{cases} 1, & 0 < B \leqslant 0.1, \\ -1-2\lg B, & 0.1 < B \leqslant 1, \\ -1, & B > 1. \end{cases}$$

Guo 等(2009)选择五种方案估算潜热通量和 CO_2 通量(表 7.4.2)，图 7.4.5 和图 7.4.6 分别给出了经过密度修正的潜热通量和 CO_2 通量的计算值与观测值的对比. 通过比较，他们推荐两种方案用于估计潜热通量和 CO_2 通量：第一种方案依赖于通量-方差相似性关系，即需要确定经验系数 $C_{\theta 3}$，C_{q3} 和 C_{c3}；第二种方案依赖于相对输送效率($\lambda_{\theta q}$和$\lambda_{\theta c}$)的参数化.

表 7.4.2　通量-方差法估算潜热通量和 CO_2 通量的方案(引自 Guo *et al.*, 2009)

方案	$\lambda_{\theta q}$	$\lambda_{\theta c}$	理想条件或理论来源
S1	1	-1	标量完全相关
S2	$R_{\theta q}$	$R_{\theta c}$	湿润条件
S3	$R_{\theta q}^{-1}$	$R_{\theta c}^{-1}$	干旱条件
S4	$C_{q3}/C_{\theta 3}$	$-C_{c3}/C_{\theta 3}$	通量-方差相似性
S5	$f(R_{\theta q},K')$	$-f(-R_{\theta c},M)$	湿润-干旱的中间状况

表 7.4.2 中，$C_{\theta 3}$，C_{q3} 和 C_{c3} 为局地标定的经验系数，K' 为 Bowen 比函数 (Lamaud, Irvine, 2006)，M 为无量纲量 $\alpha = \dfrac{H}{\varepsilon F_c} = \dfrac{H}{\varepsilon\, \overline{w'c'}}$ 的函数.

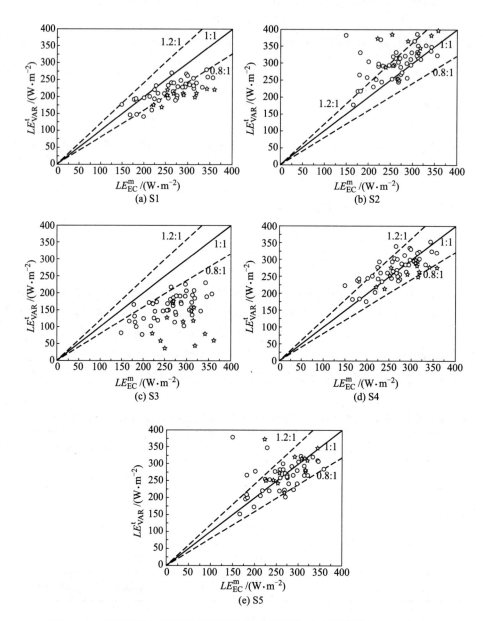

图 7.4.5　经密度效应修正的潜热通量估算值(LE_{VAR}^{t})与观测值(LE_{EC}^{m})的对比

∘：自由对流条件($-z/L > 0.08$)；☆：近中性条件($-z/L < 0.08$)

（引自 Guo *et al.*, 2009）

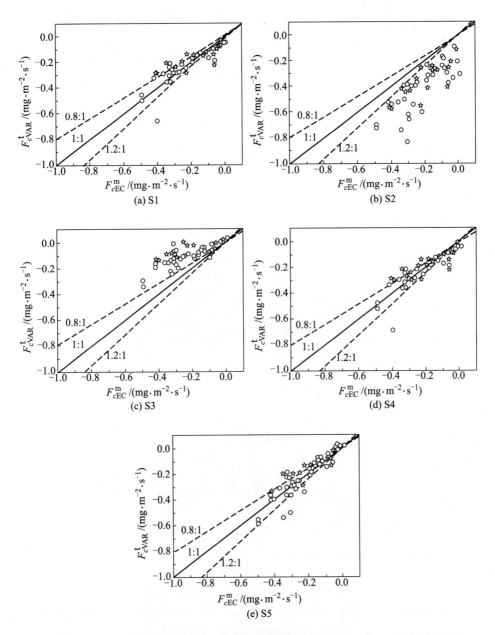

图 7.4.6　经密度效应修正的 CO_2 通量估算值(F_{cVAR}^{t})与观测值(F_{cEC}^{m})的对比

∘：自由对流条件($-z/L > 0.08$)；　☆：近中性条件($-z/L < 0.08$)

（引自 Guo $et\ al.$, 2009）

7.4.8　平流修正

非均一下垫面地形的湍流观测发现，当应用涡动相关法计算湍流通量时不能完全忽略平流. 图 7.4.7 显示了平坦和倾斜地形情况下，体积元内上边界通量测量值存在垂直通量和水平通量两部分. 复杂地形下物质输送的垂直通量一般采用 Foken(2008) 的修正，该修正方法从体积元内净通量的平衡方程出发：

$$F_c = \overline{w'\rho_c'(h)} + \int_0^h \frac{\partial \overline{\rho_c}}{\partial t}\,\mathrm{d}z + \int_0^h \left(\overline{w}\,\frac{\partial \overline{\rho_c}}{\partial z} + \overline{\rho_c}\,\frac{\partial \overline{w}}{\partial z} \right)\mathrm{d}z. \qquad (7.4.19)$$

①　　　　　　　　　　②　　　　　　　　　　③

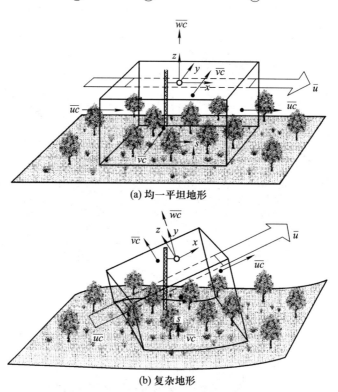

(a) 均一平坦地形

(b) 复杂地形

图 7.4.7　通过某一体积元平流示意图

三维直角坐标系 *xyz* 由风矢量的集合平均定义，控制体积不平行于地面的平均平面

（引自 Finnigan *et al.*, 2003）

由(7.4.19)式知，通量由三项构成：第①项，是体积元上方的通量；第②项，是物质的密度随时间变化引起的源汇项；第③项，是平流项，包括了垂直平流通量和由于 WPL 修正造成的额外垂直通量的影响. 选取适当的坐标系，第②项的影响可通过平均消除. 物质的垂直输送多数采用 Lee 等(2004)推荐的

修正方法. 尽管 Foken(2008)不建议进行平流修正, 而使用净通量中的源汇项
和应用 WPL 修正. 但这需要使用平面匹配法, 且需要基于平均流场坐标系的
观测. 目前, 平流项的问题仍是待研究的课题(Foken, 2008).

7.5　湍流数据的插补

因观测仪器的适用性和分析方法的特殊性, 涡动相关法在长时间观测中不
可避免会出现观测数据缺失, 需要进行合理和有效的数据插补. 数据缺失一般有
两种原因引起: 第一种, 涡动相关测量系统受大雨等不利气象条件影响, 或者整
个测量系统失效; 第二种, 测量手段不能很好适用, 如夜间出现的湍流间歇.

CO_2 通量观测的数据插补通常采用不同手段分别解决白天的碳呼吸作用. 在
白天, 碳吸收的确定基于 Michaelis-Menton 方程(Foken, 2008):

$$F_{c,\text{day}} = \frac{a S_\text{D} F_{c,\text{sat}}}{a S_\text{D} + F_{c,\text{sat}}} + F_{R,\text{day}}, \tag{7.5.1}$$

其中 $F_{c,\text{day}}$ 为轻微饱和度下的碳通量, S_D 为向下短波辐射, $F_{R,\text{day}}$ 代表白天的
呼吸作用, 系数 a 和 $F_{c,\text{day}}$ 的值需利用实际观测结果做多元回归确定, $F_{c,\text{sat}}$ 为
饱和度下的碳通量. 方程(7.5.1)需在不同稳定度分类和不同总辐射条件下
计算.

生态系统的呼吸作用可以采用 Lloyd-Taylor 方程确定(Foken, 2008):

$$F_R = F_{R,10} e^{E_0 \left(\frac{1}{283.15 - T_0} - \frac{1}{T - T_0} \right)}, \tag{7.5.2}$$

其中 $F_{R,10}$ 是 $T = 10℃$, $T_0 = 227.13$ K 条件下的呼吸作用率, E_0 描述了温度随
呼吸作用的变化. 方程(7.5.2)中的参数需在夜间($H < 10$ W·m^{-2}), 假定辐射
通量数值很低, 只有呼吸作用的条件下, 应用涡动相关法确定.

Guo 等(2007)基于 Priestley-Taylor 蒸发模型, 建立了潜热通量数据插补模
型. 对于水分充足下垫面的湿润地区, Priestley-Taylor 蒸发模型的蒸发潜热通
量可表达为(Priestley, Taylor, 1972):

$$LE = \alpha \frac{S}{S + \gamma} (R_\text{N} - G) = \alpha LE_{\text{EQ}}, \tag{7.5.3}$$

其中 S 为饱和水汽压(e_s)对位温(θ)的导数在 $\theta = \theta_0$ 处的数值; θ_0 为地表位温,
θ_0 的变化范围比较窄时, S 对 θ_0 不敏感, 可近似认为是常数; R_N 是净辐射通
量; G 为土壤热通量; LE_{EQ} 通常称为"平衡蒸发", LE 通常称为"潜在蒸发";
系数 α 是 Priestley-Taylor 参数, 其准确估计是计算 LE 的关键. Priestley-Taylor
蒸发模型的应用范围长期以来限于"蒸发"条件, 为了描述"蒸发"和"凝结"两
种水汽输送情形, 需拓展 Priestley-Taylor 蒸发模型的应用范围和确定适用于各

种通量输送情形的 Priestley-Taylor 参数. 根据能量守恒方程和 Bowen 比定义,α 可表达为

$$\alpha = \frac{S + \gamma}{S(1 + B)} = \frac{1 + B_*}{1 + B}, \quad (7.5.4)$$

其中 B_* 为下垫面水分充足而空气未饱和、感热通量和潜热通量满足一定条件时,Bowen 比的上限或下限,记为

$$B_* = \frac{\gamma}{\left.\dfrac{\partial e_s}{\partial T}\right|_{T = T_0}},$$

这里 e_s 为饱和水汽压,T 为空气温度,T_0 为地表温度.

表 7.5.1 给出了通量输送不同情形下 α 的取值范围. 可见,情形 I 和 IV 对应的 α 取值分别处于两个互不重叠的闭合区间内(相同的 B_* 数值);情形 II 中,α 存在一个极小值 $1 + B_*$.

表 7.5.1　Bowen 比 B 和 Priestley-Taylor 参数 α 的范围
（引自 Guo *et al.*, 2007）

通量输送情形	LE	H	B 的限制条件	α 的范围
I	>0	>0	$B < B_*$	$1 < \alpha < 1 + B_*$
II	>0	<0	$B < 0$	$\alpha > 1 + B_*$
III	<0	>0	—	—
IV	<0	<0	$B > B_*$	$0 < \alpha < 1$

图 7.5.1 给出感热通量与 Priestley-Taylor 参数的关系. 在蒸发条件下(情形 I 和 II),α 随感热通量的减小而增大. 情形 I 中的感热和潜热通量皆为正值. 如果近地面层可用能量不变,则感热通量减小对应潜热通量增大,α 增大. 情形 II 可视为存在感热通量平流的表象(Lee *et al.*, 2004),向下的感热通量对蒸发潜热起促进作用. 同时,感热通量(绝对值)的增大导致有更多的能量"分配"给蒸发潜热,α 增大. 在凝结条件下(情形 IV),α 随感热通量(绝对值)的减小而增大. 此时,感热通量和潜热通量皆为负值,而随着感热通量(绝对值)的减小,将有更多的潜热通量(负值)在水汽凝结过程中产生,α 增大.

进行潜热通量缺值插补前,应建立完整的时间序列,分为两步进行:第一,将各时段相应的潜热通量输送情形的 α 代入 Priestley-Taylor 蒸发模型(方程(7.5.3)),计算各时次潜热通量;第二,基于能量平衡方程 $H = R_N - G - LE$ 插补感热通量. 图 7.5.2 给出了插补的时间序列曲线. 可见,缺值插补的时间

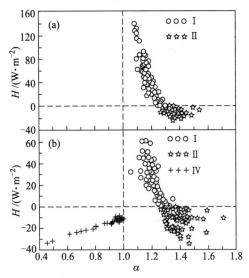

图 7.5.1　感热通量 H 与 Priestley-Taylor 参数 α 的关系

（a）时段 1；（b）时段 3. 图中 I，II 和 IV 对应表 7.5.1 的通量输送情形

（引自 Guo *et al*., 2007）

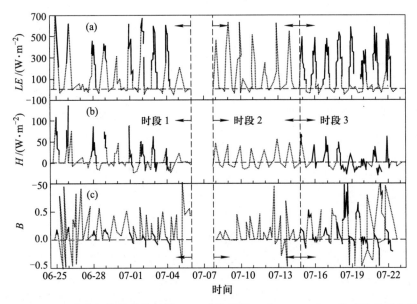

图 7.5.2　经缺值插补的潜热通量 LE，感热通量 H 和 Bowen 比 B 的时间序列曲线

实线：经质量控制的数据；点线：缺值插补的数据

（引自 Guo *et al*., 2007）

序列曲线与经过质量控制的曲线比较平滑地衔接，缺值插补方案再现了白天的蒸发($LE > 0$)和夜间的凝结($LE < 0$)的水汽输送情形，同时也再现了层结条件的日变化，即白天的不稳定层结($H > 0$)和夜间的稳定层结($H < 0$)．显然，通量插补结果的合理性受益于对各湍流通量输送情形 Priestley-Taylor 参数的准确确定．

第八章　非定常大气湍流及其分析方法

随着各种数学工具的不断发展，运用合适的数学工具来研究大气湍流运动规律，使大气湍流的研究不断发展，逐渐摆脱了定性描述，走向更细致的定量研究．尽管如此，大气湍流呈现在人们面前的图像仍然扑朔迷离．大气湍流研究的传统方法是湍流统计理论方法，包括统计法和傅里叶分析法．20世纪90年代引入的小波分析对大气湍流结构的分析起到了很大的促进作用．同时，由于小波分析内在的缺陷，又引入了伪小波分析的大气湍流分析工具．近年来，针对非均匀、复杂下垫面地区，又开始尝试将希尔伯特-黄变换技术应用于大气湍流的研究，试图解决非平稳、非定常、复杂下垫面的大气湍流运动的问题．

8.1　小波分析

湍流统计理论方法应用于均匀湍流的研究，例如计算各阶矩或频谱分析，是很有效且相对简单的数学工具．使用这些工具要求湍流信号满足均匀和定常条件，只有低粗糙、平坦下垫面的湍流，或平坦下垫面的稳定湍流才能满足，但这种形式的大气湍流很少在实际中出现．而这些限制条件在大气边界层以外是不可能满足的．这样，湍流统计分析就只能限制在一小部分大气状态，而大部分大气状态不能使用，例如大气湍流经过粗糙或异质的表面，大气湍流在尾流区、在过山气流的波破碎区、在射流剪切区，或有云的天气背景．

没有通用的方法分析非均匀的时间序列，在简化的情况下大气参量样本可以分成几个比较均匀的子集，这样可以使用传统的方法，如短时傅里叶变换分析．分析结果也是复杂的，因为一般的研究目的是分析过程而不是确定统计特性．通常时间序列里包含各种可以由条件采样技术识别的各种事件．事件特征可按各种标准分类，一般包括发生时刻、强度或发生时刻强度、持续周期．

小波分析是可以用做非均匀、非定常信号谱分析的有力工具．使用小波分析可以达到以下两个目的：

（1）识别事件；

（2）提供谱的框架和这些事件的等级框架．

小波变换（wavelet transform）是20世纪80年代才出现的一种新的数学分析方法．傅里叶变换（Fourier transform）经历了短时傅里叶变换、加窗傅里叶变换，最后到小波变换的过程．小波变换与傅里叶变换不同，是一种局部变换，能够确定孤立事件，保留事件的发生时间和它的局部特征．因此，小波变换也被称为"数学显微镜"．连续形式的小波变换首先由 Morlet 等引入．经过多年的研究，小波变换已经建立了严格的数学理论基础（Mallat, 1989；Meneveau, 1991；Mallat, Hwang, 1992；Mallat, Zhong, 1992）．

与傅里叶变换类似，小波变换也是用基函数逼近某个给定的函数，这些给定的函数被称为小波基函数．小波基函数经过坐标平移和伸缩变换生成小波函数．

小波变换定义为一个能量有限的函数 $f(t)$（$f(t) \in L^2(\mathbf{R})$）和小波函数 $\frac{1}{\sqrt{a}} g\left(\frac{t-b}{a}\right)$ 卷积的结果：

$$W(a, b) = \int_{-\infty}^{\infty} f(t) \frac{1}{\sqrt{a}} g\left(\frac{t-b}{a}\right) \mathrm{d}t, \tag{8.1.1}$$

其中 $W(a, b)$ 称为小波系数，a 为拉伸因子，b 为位移因子．解析小波基函数 $g(t)$ 必须满足

$$E(g) = \int_{-\infty}^{\infty} g(t) g^*(t) \mathrm{d}t < \infty, \tag{8.1.2}$$

$$G(\omega) = \frac{1}{\sqrt{2\pi}} \int_{-\infty}^{\infty} g(t) \mathrm{e}^{-i\omega t} \mathrm{d}t = 0, \quad \omega < 0.0, \tag{8.1.3}$$

$$C(g) = 2\pi \int_{-\infty}^{\infty} \frac{G(\omega) G^*(\omega)}{\omega} \mathrm{d}\omega < \infty, \tag{8.1.4}$$

其中 ω 是频率，$\omega < 0.0$ 表示 ω 为 0 附近的正数，$g^*(t)$ 是 $g(t)$ 的复共轭，$G(\omega)$ 是 $g(t)$ 的傅里叶变换．

小波基函数是具有归一化单位能量的解析函数，小波基函数的选择并不是任意的，小波基函数 $g(t)$ 必须满足(8.1.2)~(8.1.4)式．(8.1.2)式表示定义域必须是紧支撑的，即在一个很小的区间之外函数迅速趋向于零，使空间容易局域化；(8.1.3)式表示傅里叶变换在正半频率区取值（负频率区为零）；(8.1.4)式称为容许条件．

小波变换的能谱可以通过积分小波变换的系数得到：

$$W^2(a) = \frac{1}{L} \int_0^L W^2(a, b) \mathrm{d}b. \tag{8.1.5}$$

如果小波基函数满足上述的数学约束条件，并且小波的形状与待研究的大气湍流信号形状相像，即可得到相干结构的能谱．

小波变换对湍流信号的奇点和特征尺度具有一定的判别能力，可以判别相干结构的平均特征尺度和相干事件的发生（Collineau, Brunet, 1993a；乔劲松，

1996）．因此，可以先以小波系数的方差找到特征尺度 s，然后在 s 尺度上寻找小波变换系数的极大值点，再根据极值点的渐近关系判断相干事件的奇点（乔劲松，1996）．研究结果表明，小波分析的方法识别相干结构具有许多明显的优点：

- 小波变换系数的局部特征突出，更容易判断相干事件的发生；
- 对称小波变换系数在奇点邻域具有穿零点的性质，因此更容易判断相干事件的奇点；
- 小波变换系数的方差可以用来识别信号的特征尺度；
- 存在比较丰富、可选择的小波基函数．

但是，利用小波变换研究相干结构也有一些不足之处：

- 小波变换系数的方差只可以用来识别信号的平均特征尺度，对于各种尺度的物理结构，只能假设为单一尺度的模式；
- 小波变换对信号的识别依赖于小波基函数的选择，小波基函数的形状与相干结构的匹配程度，对小波能谱和结构识别有很大的影响；
- 没有理想的小波基函数在物理上和数学上都适合分析含有各种丰富结构的湍流数据．

图 8.1.1 给出了连续小波变换的原理，图 8.1.2 给出了常见的小波基函数 $\psi(x)$，其结构和形状是不相似的．

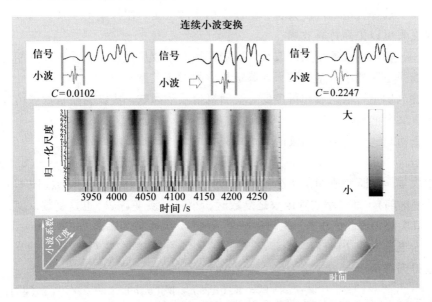

图 8.1.1　连续小波变换的原理（引自陈红岩，1999）

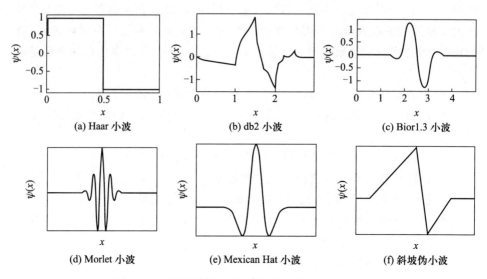

(a) Haar 小波　　　　　(b) db2 小波　　　　　(c) Bior1.3 小波

(d) Morlet 小波　　　　(e) Mexican Hat 小波　　　　(f) 斜坡伪小波

图 8.1.2　常见的小波基函数(引自陈红岩，1999)

小波分析的应用需要一定的技巧的，总结如下：

（1）选择恰当的小波基函数．通常根据研究的问题和大气湍流信号的特点选择小波基函数．

（2）选择合适的尺度集合．小波变换实际上是一组尺度的变换，选择合适的尺度集可以提高计算效率．

（3）确定该尺度傅里叶波长的影响区域．小波尺度和傅里叶波长是相对应的，选择不同的小波基函数必须确定相应的对应关系．

（4）确定可信区域和可信度．受随机信号的影响，小波变换系数可信度较高的区域可能很小．

下面是一个高斯平面波的表达式：

$$\psi_0(\eta) = \pi^{-1/4} e^{i\omega_0 \eta} \cdot e^{-\eta^2/2}, \tag{8.1.6}$$

其中取 $\omega_0 = 6$ 即变成 Morlet 小波的表达式，而且小波基函数是复数(图 8.1.3，虚线是虚部)．通常小波基函数是复数时，小波变换 $W(a,b)$ 也是复数，变换可以分成实部和虚部，或者是振幅和相角．这时定义小波功率谱为 $|W(a,b)|^2$．

如果给定两个时间序列 x,y，经小波变换分别得到 $W_x(a,b)$，$W_y(a,b)$，于是得到互谱

$$W_{xy}(a,b) = W_x(a,b) * W_y(a,b). \tag{8.1.7}$$

若小波基函数为复数，互谱通常也是复数，定义模 $|W_{xy}(a,b)|$ 为互谱的功率谱．

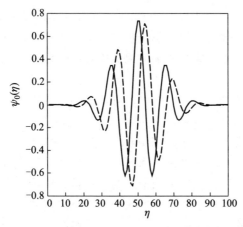

图 8.1.3　复小波基函数 Morlet 小波，$w_0 = 6$（引自陈红岩，1999）

8.2　伪小波分析

　　基于小波变换的不足，伪小波变换保留了小波变换的优点，而放弃了一些数学上的考虑，着重考虑与信号形状的匹配. 伪小波变换的基本想法是放松对小波基函数的严格数学约束，自由选择基函数. 伪小波变换的定义为

$$W'(a,b) = \int_{-\infty}^{\infty} \frac{f(t)g'\left(\frac{t-b}{a}\right)}{\sigma_f \sigma_g} \mathrm{d}t, \qquad (8.2.1)$$

其中 $W'(a,b)$ 为伪小波系数，$g'\left(\frac{t-b}{a}\right)$ 为伪小波函数，σ_f 是大气湍流信号 $f(t)$ 在拉伸因子 a 范围内的标准差，σ_g 是伪小波函数 $g'(t)$ 经过尺度 a 拉伸后的标准差. 伪小波变换系数的局部峰值对应的位移因子和拉伸因子是相干结构估计的位置和尺度.

　　伪小波变换在形式上保持了小波变换的形式，但在数学上已放松了约束，可以自由选择伪小波函数的形状，更利于识别相干事件. 因而，可以选择更好的波形与大气湍流信号相匹配. 需注意的是，由于数学约束的放松，能量随之也不守恒. 同时，伪小波变换假设了大气参量方差不在伪小波系数中起作用，因此伪小波系数用大气信号和伪小波函数的方差做归一化.

8.3　伪小波变换与大气相干结构

　　前文提到，大气温度信号的大尺度有组织的相干结构被认为是一种斜坡形状并带有尖锐的跳跃奇点，因此可以采用 Haar 小波作为识别温度斜坡中的尖锐跳跃. 为了准确识别相干结构事件, 必须给伪小波系数设定合适的域值系数. 然而, 该域值系数的数值大小会影响相干结构事件识别的准确率, 域值的选择应该经过人工数据检验和效果的视觉检查, 以保证识别的丢失率和错误率都不超过 10%.

估算相干结构事件的持续时间时, 可以把小波变换和伪小波变换结合起来使用. 首先, 大气湍流信号要经过带通滤波, 完成良好的平稳化和高频滤波, 除去湍流的不相干成分. 其次, 用 Haar 小波完成相干信号奇点的提取. 由于小波系数在奇点左、右两侧迅速下降到零点, 这样小波系数的变化可以估算相干结构持续时间. 然后, 把每个相干结构归一化, 统计相干结构整体平均的形状. 最后, 基于相干结构整体平均形状构造伪小波变换, 应用伪小波变换较准确地估算相干结构的持续时间. 对于每个相干结构, 局部最大的伪小波系数对应的拉伸因子 a 就是相干结构持续时间的最佳估计. 持续时间 a 的概率密度函数 $S(a)$ 可由下式计算:

$$S(a) = \frac{N_a}{\sum_{i=1}^{m} N_i}, \qquad (8.3.1)$$

其中 N_a 是持续时间 a 的相干结构数目, N_i 为持续时间 i 的结构数目, m 为总统计的持续时间数目. 由算法看, 伪小波变换可以为条件采样技术提供非常重要的相干结构概率分布, 而小波变换提供的仅仅是湍流信号中主要的相干结构持续时间, 也就是统计平均意义上的结构持续时间.

8.4　希尔伯特-黄变换

希尔伯特-黄变换 (Hilbert-Huang transform, HHT) 是美籍华裔 Norden E. Huang 教授提出的用于处理非平稳信号的独特分析方法, 可用于地震工程、地球物理探测、潜艇设计、结构损害侦测、卫星资料分析、血压变化和心律不齐等各项研究 (Huang *et al.*, 1998; Huang, Wu, 2008). 该方法对非线性、非平稳信号有较好的分析和处理效果. 与传统的信号和数据处理方法相比, 希尔伯特-黄变换有如下特点:

(1) 能分析非线性、非平稳信号.

傅里叶变换等传统的数据处理方法只能处理线性、平稳信号; 小波变换在理论上能处理非线性、非平稳信号, 但在实际算法实现中只能处理线性、非稳信号. 其他信号处理方法, 或受线性束缚, 或受平稳性束缚, 并不能在完全意义上处理非线性、非平稳信号. 希尔伯特-黄变换摆脱了线性和平稳性束缚, 适用于分析非线性、非平稳信号.

（2）希尔伯特-黄变换具有完全自适应性.

不同于傅里叶变换和小波变换，希尔伯特-黄变换能够自适应产生"基"，即由"筛选"过程产生的固有模态函数（也称为本征模态函数，intrinsic mode function，IMF）. 傅里叶变换的基是三角函数，小波变换的基是满足"可容性条件"的小波基函数，小波基函数也是预先选定的. 实际应用中，如何选择小波基函数不是一件容易的事，选择不同的小波基函数可能产生不同的处理结果，也没有理由认为所选的小波基函数能够反映被分析数据或信号的特性.

（3）希尔伯特-黄变换适合突变信号.

傅里叶变换、短时傅里叶变换、小波变换都受 Heisenberg 测不准原理（即时间窗口与频率窗口的乘积为一个常数）制约. 这意味着时间精度和频率精度不可兼得. 时间和频率不能同时达到高精度，给信号处理和分析带来一定的不便. 而希尔伯特-黄变换不受 Heisenberg 测不准原理的制约，可以使时间和频率同时达到较高精度，适用于分析突变信号.

（4）希尔伯特-黄变换的瞬时频率是采用求导数方法得到的.

对于非平稳信号的非周期性，定义在全局上的傅里叶频率失去了意义. 此时，"瞬时频率"的概念被提出. 瞬时频率可以描述频率峰值随时间的变化，有多种定义. 其中，对解析信号位相求导数得到的具有频率量纲的参量与傅里叶频率定义一致. 傅里叶变换、短时傅里叶变换、小波变换有一个共同的特点：预先选择基函数，计算方式是通过与基函数的卷积产生的. 希尔伯特-黄变换则不同：借助希尔伯特-黄变换获取相位函数，再对相位函数求导数产生瞬时频率. 这个瞬时频率是局部性的，而傅里叶变换的频率是全局性的，小波变换的频率是区域性的.

为了构造满足瞬时频率定义的复信号需要确定信号的虚部. 复信号可以表示为

$$Z(t) = C(t) + \mathrm{i}\,\frac{1}{\pi}\int \frac{C(t')}{t - t'}\mathrm{d}t', \qquad (8.4.1)$$

其中实部 $C(t)$ 为实信号，虚部的求取与希尔伯特-黄变换的定义相吻合. 希尔伯特-黄变换是一种幅值不变的全通滤波器（汪璇，曹万强，2008），为

$$\hat{C}(t) = \frac{1}{\pi}\int_{-\infty}^{\infty} \frac{C(\tau)}{t - \tau}\mathrm{d}\tau = \frac{1}{\pi}\int_{-\infty}^{\infty}\left[-\frac{C(t - \tau)}{\tau}\right]\mathrm{d}\tau, \qquad (8.4.2)$$

对比（8.4.1）式和（8.4.2）式，希尔伯特-黄变换在形式上与 Gabor 解析信号的虚部一致，由此可求取解析信号和信号的瞬时频率. 但是，为了保证瞬时频率随时间变化的单值性，要求希尔伯特-黄变换的输入信号是单分量信号. 单分量信号（Cohen，1995）指的是在时频分布图上，对于任一时刻，只有唯一的频率值与之对应的信号，即满足任一时刻仅含有一个频率成分或者一个随时

间变化的窄带分布频谱. 然而, 自然界中的大气湍流信号大多数是多分量信号, 因此利用希尔伯特-黄变换计算瞬时频率前需要把多分量信号分解成多个单分量信号. Huang 提出的经验模态分解可以有效地把实际信号分解成多个单分量信号.

完整的希尔伯特-黄变换方法主要有两步:

第一步, 对原始的非平稳、非线性的大气参量的时间序列进行经验模态分解(empirical mode decomposition, EMD), 得到一组固有模态函数(IMF). 每个 IMF 满足以下两个特征:

(1) 整个信号中的极值点数和过零点数相等或最多相差 1;

(2) 由极大值和极小值确定的上、下包络线的均值在任一点均为零.

前者保证了与原始时间序列相比, 每一个 IMF 都可以视为一个单分量信号; 后者保证了信号对时间轴的局部对称, 防止瞬时频率受到非对称波形的干扰.

第二步, 对各 IMF 分量进行希尔伯特-黄变换, 得到解析信号和瞬时频率, 进而得到三维希尔伯特谱. 对可以同时反映信号振幅、时间和频率分布的三维希尔伯特谱做时间积分, 得到振幅随频率的分布——希尔伯特边际谱; 类似地, 对频率积分则可以得到能量随时间的变化——瞬时能量(instantaneous energy density level, IE).

用 EMD 方法得到 IMF 的过程称为筛过程(sifting process). 该过程基于以下三个假设:

(1) 大气参量信号至少有一个极大值和一个极小值;

(2) 大气参量信号的特征时间尺度是由极值点之间的间隔确定的;

(3) 如果整个大气参量信号不包含极值点只包含曲折点(即奇异点), 可以通过差分获得极值点.

EMD 分解过程分三步进行:

第一步, 找出原始序列 $X(t)$ 的所有极大值, 插值得到其上包络线 $e_{\max}(t)$; 同理得到极小值的下包络线 $e_{\min}(t)$. 对上、下包络线进行平均得到原序列的平均包络线 $m_1(t) = \dfrac{e_{\max}(t) + e_{\min}(t)}{2}$. 利用原序列 $X(t)$ 与 $m_1(t)$ 之差得到第一个分量 $h_1(t)$:

$$h_1(t) = X(t) - m_1(t). \tag{8.4.3}$$

第二步, 由于 $h_1(t)$ 不满足 IMF 的定义, 需进行第二次筛选: 将 $h_1(t)$ 作为原始序列计算上、下包络线和平均包络线 $m_{11}(t)$, 得到 $h_{11} = h_1 - m_{11}$. 重复上述过程 k 次, 直到 h_{1k} 满足 IMF 的定义, $h_{1k} = h_{1(k-1)} - m_{1k}$, 就得到了原始序列的第一个 IMF: $c_1 = h_{1k}$. c_1 包含了信号的最高频部分, 用原始信号减去 c_1 就得到第一个剩余项:

$$r_1 = X(t) - c_1. \tag{8.4.4}$$

第三步，通常 r_1 仍包含一些更长周期的波动，把 r_1 作为新的非平稳、非线性时间序列，重复上述第一步和第二步的筛过程，得到若干 IMF 信号 $c_2, \cdots, c_n$ 和剩余项 $r_2, \cdots, r_n$，满足 $r_1 - c_2 = r_2, \cdots, r_{n-1} - c_n = r_n$. 当 c_n 或 r_n 的振幅足够小，或者 r_n 为单调函数，无法进一步提取出 IMF 时，整个 EMD 过程终止，原始时间序列可以表示为

$$X(t) = \sum_{i=1}^{n} c_i + r_n. \tag{8.4.5}$$

经过以上三步骤，将原始非平稳、非线性的时间序列分解为 n 个固有模态函数与剩余项 r_n 之和.

整个 EMD 过程由若干个筛过程组成. 筛过程主要有两个目的：消除载波；使波形更加对称. 前者是为了保证瞬时频率有意义；后者是为了防止与临近波动的振幅差异过大. 但如果过分强调后者得到的 IMF 就是一个常振幅的调制波，使波动振幅失去其物理意义. 为了保证 IMF 结果有物理意义和防止过筛，Huang 和 Gilling 分别提出了不同的筛算法终止准则. Huang 等(1998)提出通过计算相邻两次筛过程的标准差 SD 来限制过筛，其定义式如下：

$$SD = \sum_{t=0}^{T} \left\{ \frac{[h_{1(k-1)}(t) - h_{1k}(t)]^2}{h_{1(k-1)}^2(t)} \right\}. \tag{8.4.6}$$

当 SD 介于 $0.2 \sim 0.3$ 时，筛过程终止. 标准差 SD 并非经典意义上的标准差，是仿照柯西收敛准则提出的，其主要缺点是与 IMF 的定义无关且要求相邻两次的 h_{1n} 是近似相等的.

Huang 等(1999)提出了称作 S 值终止准则的第二种方法. 这是一种较为简单的标准，只需确定达到极值点数等于过零点数时的筛选次数 S 即可. 但不同的 S 值会造成不同的筛选结果. 一般情况下，S 越大，筛选的次数越多. 为了防止过筛，一般取 $3 \leqslant S \leqslant 5$ 作为终止条件.

Rilling 等(2003)提出基于两个阈值 θ_1 和 θ_2 的终止准则. 具体地，首先定义模态振幅

$$a(t) = \frac{e_{\max}(t) - e_{\min}(t)}{2}$$

和估计函数

$$\sigma(t) = \left| \frac{m(t)}{a(t)} \right|.$$

当选定的 $1 - \alpha$ 波段满足 $\sigma(t) < \theta_1$，同时剩余波段满足 $\sigma(t) < \theta_2$ 时，一次筛过程终止. 一般情况下，$\sigma \approx 0.05$，$\theta_1 \approx 0.05$，$\theta_2 \approx 10\theta_1$.

整个 EMD 过程最重要的一步是确定信号的包络线. 波动的上、下包络线

由极值点插值得到,常用的插值方法有三次样条插值、线性插值、多项式插值和阿克玛插值等. 三次样条插值既能避免 Jibs 现象又能保证一定程度的光滑性,但对于非均匀的插值点容易造成过冲和欠冲,且计算速度较慢. 其他插值法如线性插值和多项式插值会导致过筛,阿克玛插值虽然能适应非均匀插值点,但光滑性较差(钟佑明等,2005). 实际应用中,为了得到更接近真实信号的包络线,多数采用三次样条插值.

在得到一系列可视为单分量信号的 IMF 的基础上,就可以进行希尔伯特-黄变换. 对每一个 IMF $c_i(t)$ 做希尔伯特-黄变换得到 $\hat{c}_i(t)$,则 $c_i(t)$ 的解析信号可以表示为

$$z_i(t) = c_i(t) + \mathrm{i}\hat{c}_i(t) = A_i(t)\,\mathrm{e}^{\mathrm{i}\theta_i(t)}, \qquad (8.4.7)$$

其中

$$A_i(t) = \sqrt{c_i^2(t) + \hat{c}_i^2(t)}, \quad \theta_i(t) = \arctan[\hat{c}_i(t)/c_i(t)].$$

可以看出,希尔伯特-黄变换是通过正弦曲线的频率和幅值调制获得信号的局地最佳逼近的,瞬时振幅 $A_i(t)$ 和瞬时位相 $\theta_i(t)$ 都是时间的函数,可以很好地反映出信号的瞬时性. 进一步对瞬时位相求导数即得到瞬时频率:

$$\omega_i(t) = \frac{\mathrm{d}\theta_i(t)}{\mathrm{d}t}.$$

这样得到的瞬时频率不再受 Heisenberg 测不准原理的限制,可以同时在时域和频域上达到很高的分辨率.

对解析信号的实部求和得到原始信号:

$$X(t) = \sum_{i=1}^{n} c_i.$$

考虑到剩余项 r_n 周期的不确定性,为避免虚假能量的计算,这里的 $X(t)$ 略去了非 IMF 分量 r_n. 波动振幅在频率-时间平面上的表示即希尔伯特谱 $H(\omega,t)$.

定义希尔伯特边际谱如下:

$$h(\omega) = \int_0^T H(\omega,t)\,\mathrm{d}t. \qquad (8.4.8)$$

希尔伯特边际谱中的频率和傅里叶分析中的频率意义不同. 傅里叶分析中每一个非零振幅的频率 ω 对应着一个存在于全局上的三角函数,而希尔伯特边际谱中某一频率 ω 的能量仅仅意味着在信号的局地有存在该频率波动的可能性,其发生的具体时间要结合三维希尔伯特谱确定. Huang 等(1998)指出,希尔伯特边际谱实际上是一种非标准化的振幅-频率-时间的加权联合分布,每个时间-频率点上的权重就是振幅. 希尔伯特边际谱中给出的频率分布仅代表了某特定频率波动存在的可能性. 希尔伯特边际谱作为频率和振幅的函数,可以很好地表征不同频率的波动所对应的振幅大小.

定义瞬时能量 IE：

$$IE(t) = \int_{\omega} H^2(\omega, t) \, \mathrm{d}\omega. \qquad (8.4.9)$$

IE 是时间的函数，表述了能量随时间变化．

8.5　希尔伯特-黄变换在大气湍流中的应用

大气湍流运动可以视为由许多不同时空尺度的湍涡叠加形成的，谱分析方法可以将这些不同尺度的涡旋分离开来．希尔伯特-黄变换已被应用于气候变化、中小尺度天气现象、环境监测和海洋现象的研究中．鉴于希尔伯特-黄变换技术可以解决非均匀、非平稳、非线性的大气运动，本节以大气湍流能谱的分析为例探讨希尔伯特-黄变换在大气湍流研究中的应用．

以水平纵向风速 u 为例，图 8.5.1 给出了中国内蒙古地区 2011 年 4 月 16 日午夜、日出和正午不同时段的 EMD 结果，包括若干个 IMF 和 1 个剩余项 r_1：午夜时段得到 14 个 IMF；日出和正午时段得到 13 个 IMF．图中 IMF 的纵坐标为振幅，为了便于不同 IMF 之间能量的比较，同一时段的各 IMF 的纵坐标表示的振幅范围相同．

总体上，午夜时段的水平纵向风速 u 最小；日出时段次之；正午最大，湍流发展最为充分．三个不同时段的各 IMF 和剩余项 r_1 的振幅也依次增大，振幅最大值从夜间、日出到正午依次分别为 0.3 m/s，1.2 m/s 和 2.1 m/s．午夜时段水平纵向风速 u 存在周期约 10 min 的振荡，且有三个波动较为强烈的时段，分别是 00:00—00:04，00:18—00:23，00:28—00:43．高频分量 IMF1～IMF8 在三个时间段内均呈现较大的振幅，可以认为大气湍流运动是由较高频的波动组成的．IMF8 的瞬时频率对应着 1 min 左右的振荡周期，意味着比 IMF8 更高频的 IMF7～IMF1 为周期小于 1 min 的湍流运动分量．另外，IMF11 的波动周期约为 4 min，与能谱分析中阵风对应的 3～5 min 的周期相一致．IMF12 的瞬时振幅在 14 个 IMF 中最大，相应的能量也最强，对应着 13 min 左右的波动周期，代表了重力内波（Finnigan *et al.*，1984；Finnigan，1988；Einaudi，*et al.*，1989；Einaudi，Finnigan，1993；Poulos *et al.*，2002）．剩余项 r_1 的周期超过了原始数据的采样长度，可以认为是趋势项，其波动振幅远大于各 IMF 的振幅．考虑到剩余项周期的不确定性，为避免虚假能量的计算，这里的希尔伯特谱的计算不包含剩余项．

图 8.5.2 给出中国内蒙古地区 2011 年 4 月 16 日午夜、日出和正午不同时段水平纵向风速 u 的三维希尔伯特谱，显示了不同频率信号的振幅能量随时间的变化关系．为方便起见，振幅以分贝（dB）的形式给出．从时间轴角度看，

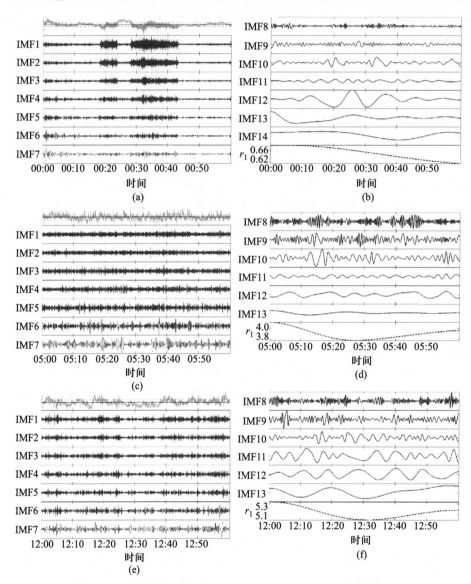

图 8.5.1　中国内蒙古地区 2011 年 4 月 16 日不同时段的 EMD 结果
IMF1 的平均瞬时频率最大，其他 IMF 的平均瞬时频率依次减小
（引自魏伟，张宏昇，2013）

希尔伯特谱的结果与原始湍流信号以及 IMF 分解结果相一致. 图 8.5.2(a)中，
00：00—00：04，00：18—00：23，00：28—00：43 时段的高频段波动振幅相对较
大，进一步说明这三个时段的水平纵向风速信号是由较高频的湍流波动叠加而
成. 从频率轴角度看，相对于高频段，频率小于 0.5 Hz 的波段的波动振幅

较大，意味着频率越低湍流能量越强．由图 8.5.2(b)可见，日出时的风速较大，但波动较为均匀，相应希尔伯特谱的波动振幅随时间的分布也较均匀，不过仍然可以看出波动相对较剧烈的时刻对应的希尔伯特谱能量较强．与图 8.5.2(a)的分布规律一致，图 8.5.2(b)显示的主要能量也集中在低频段．此外，3.3 ~ 4.2 Hz 波段也有较强的能量分布．由图 8.5.2(c)可见，正午的湍流

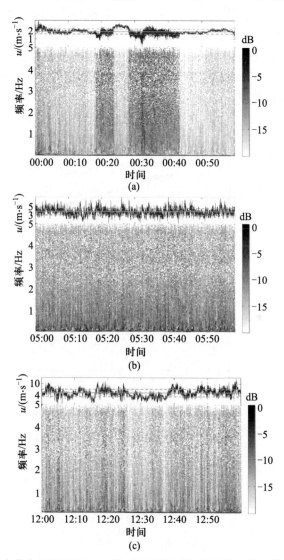

图 8.5.2 中国内蒙古地区 2011 年 4 月 16 日不同时段水平纵向风速的三维希尔伯特谱
(引自魏伟，张宏昇，2013)

波动较频繁, 1:02, 12:05, 12:20 等时刻均存在明显的波动峰值, 相对应的希尔伯特谱也呈现出较大的波动能量.

　　为了分析某些特定频率波动存在的可能性, 对三维希尔伯特谱进行时间积分, 得到希尔伯特边际谱. 鉴于风速的采样频率为 10 Hz, 希尔伯特-黄变换所能分辨的最大振动频率为 5 Hz. 图 8.5.3 给出了分辨率为 2.5×10^{-3} Hz 的三个不同时段的希尔伯特边际谱. 可见, 三个时段均显示由低频段到高频段湍流能量逐渐减小. 图 8.5.1 中 IMF 的几个明显的周期波动, 如 4 min 左右的阵风, $10 \sim 13$ min 的重力内波, 也在图中体现. 为了进一步得到低频段的能谱分布, 仅对频率大于 0.1 Hz 的希尔伯特谱做时间积分, 得到低频波段的希尔伯特边际谱, 分辨率达到 5.0×10^{-5} Hz(图 8.5.4). 在 $10 \sim 13$ min 范围内存在明

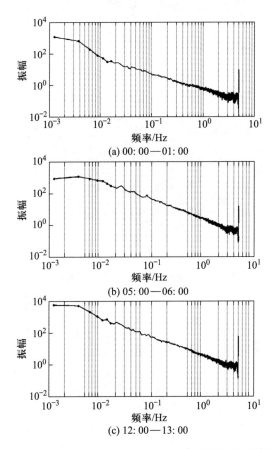

图 8.5.3　中国内蒙古地区 2011 年 4 月 16 日不同时段的希尔伯特边际谱
分辨率为 2.5×10^{-3} Hz(引自魏伟, 张宏昇, 2013)

显的谱峰，对应着重力内波的周期；另一个谱峰位于 3～5 min 范围内，这一峰值与阵风的波动周期相一致.

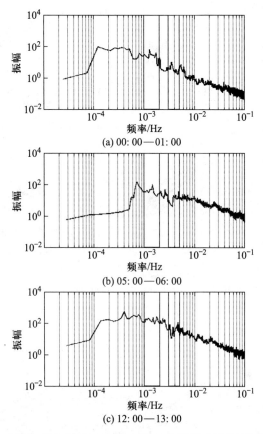

(a) 00: 00—01: 00

(b) 05: 00—06: 00

(c) 12: 00—13: 00

图 8.5.4 中国内蒙古地区 2011 年 4 月 16 日不同时段的希尔伯特边际谱
矩形框内的频段为 10～13 min 和 3～5 min 的振动周期
（引自魏伟，张宏昇，2013）

为了验证希尔伯特-黄变换在大气湍流研究中的可靠性，对 2011 年 04 月 14 日—18 日 00：00，05：00，12：00 共 15 个小时的三方向风速和温度的湍流数据分别进行希尔伯特-黄变换，得到希尔伯特边际谱（图 8.5.5～8.5.7）. 在图 8.5.5～8.5.7 中，点线为不同日期的希尔伯特边际谱，虚线为 Kaimal 等（1972）给出的 Kansas 实验中性层结下风速、温度能谱的拟合曲线，其中 Kaimal 归一化的能谱均除以自然频率. 不同时段的希尔伯特边际谱振幅略有差异，但分布趋势一致，在惯性区满足 −5/3 幂次关系，说明了希尔伯特-黄变换在湍流研究中的普适性和可靠性.

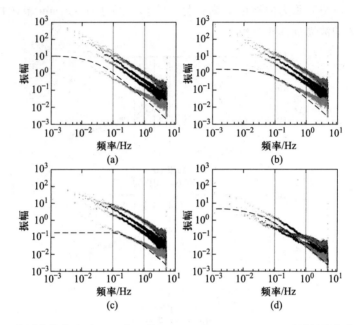

图 8.5.5　中国内蒙古地区 2011 年 4 月 14—18 日 00∶00—01∶00 时段的希尔伯特边际谱
分辨率为 5×10^{-5} Hz

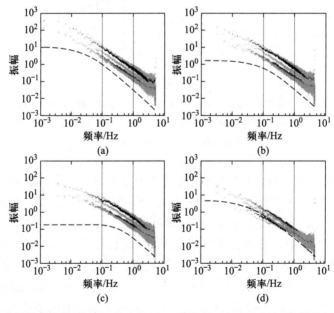

图 8.5.6　中国内蒙古地区 2011 年 4 月 14—18 日 05∶00 – 06∶00 时段的希尔伯特边际谱
分辨率为 5×10^{-5} Hz

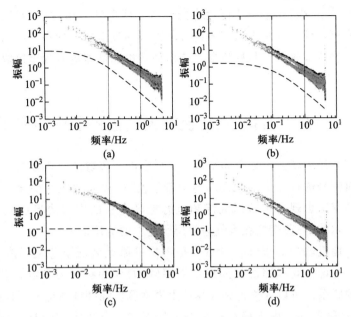

图 8.5.7　中国内蒙古地区 2011 年 4 月 14—18 日 12：00—13：00 时段的希尔伯特边际谱
分辨率为 5×10^{-5} Hz

　　希尔伯特-黄变换方法与传统流体力学理论的频谱分析方法的最大区别在于：前者没有特定的基函数，而是根据信号本身的变化自动适应分析过程，避免了固定基函数引入的虚假波动分量. 仍以中国内蒙古地区 2011 年 4 月 16 日午夜 00：00—01：00 时段的水平纵向风速 u 为例，给出希尔伯特-黄变换方法和傅里叶变换方法的结果对比，见图 8.5.8. 由于风速的湍流数据的有限采样时间间隔和采样长度对湍流统计量有一定的影响，对湍流谱做了相应修正. 因为希尔伯特边际谱中某一频率的能量仅仅意味着在信号的局地有存在该频率波

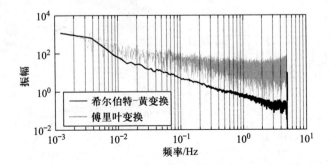

图 8.5.8　中国内蒙古地区希尔伯特-黄变换方法和傅里叶变换方法计算的能谱对比
时间：2011 年 4 月 16 日 00：00—01：00

动的可能性，所以希尔伯特边际谱中的能量和傅里叶分析中的能量意义不同，两者不具有可比性．这里仅对比不同方法得到的频谱分布形态，显示了傅里叶能谱中峰值波段被噪声信号所掩盖，希尔伯特边际谱能更有效地提取出湍流谱信息．

8.6　希尔伯特-黄变换在大气边界层中的应用

大气和海洋运动大多数是非平稳、非线性的，传统的分析方法在应用之前往往需要对信号进行一定的假设．鉴于希尔伯特-黄变换在非平稳、非线性信号分析中的突出表现．本节以天津和上海地区夏季的大气边界层低空急流为例，介绍希尔伯特-黄变换在大气边界层研究中的应用．

惯性振荡机制（Blackadar，1957）是影响平原地区低空急流形成和发展的主要因素．考虑夜间风速廓线的振荡周期（$2\pi f$，f 为科氏力参数）与地理纬度有着直接的联系，可以计算得到天津和上海地区所在纬度对应的惯性振荡周期分别为 19 h 和 23 h．由于惯性振荡的振幅相对于其他大气边界层过程较弱，为了观察更明显的惯性振荡现象，选取天津和上海地区惯性振荡现象较明显的夏季的观测数据进行希尔伯特-黄变换．

图 8.6.1 和图 8.6.2 分别给出了天津和上海地区的希尔伯特-黄变换结果，显示了天津 1300 m 和上海 600 m 高度的原始风速分量及其对应惯性振荡周期的 IMF（图 8.6.1（a）和图 8.6.2（a））和惯性振荡信号的时-空分布（图 8.6.1（b）和图 8.6.2（b））．通过图 8.6.1（b）和图 8.6.2（b）可以更好地观察惯性振荡信号在大气边界层内不同高度的分布及其时间变化．与 IMF 的结果

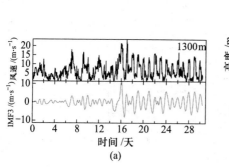
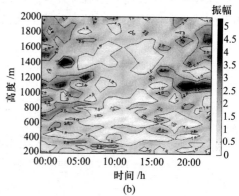

图 8.6.1　天津地区希尔伯特-黄变换结果的时-空分布（引自 Wei *et al*.，2014）

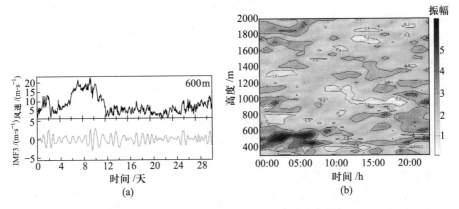

图 8.6.2　上海地区希尔伯特-黄变换结果的时-空分布(引自 Wei *et al.*, 2014)

相同, 天津地区惯性振荡信号均匀分布在大气边界层内的各高度层. 另外, 根据 Blackadar 的理论, 惯性振荡信号多在夜间集中出现. 在日落时刻 18:00 惯性振荡信号开始出现, 同时边界层低空急流也开始发展; 经过夜间的演变, 日出之后受地表加热作用, 混合边界层逐渐发展, 边界层内垂直混合加强, 低空急流的"鼻状"廓线遭到破坏, 惯性振荡信号逐渐消失. 与天津地区不同, 上海地区具有 23 h 惯性振荡周期的 IMF 主要集中在 800 m 高度以下, 相应上海地区惯性振荡信号的时-空分布(图 8.6.2(b))表明, 在 400~600 m 高度存在较大数值的能量带, 同时这一大数值能量带具有明显的日变化特征.

　　Lundquist(2003)指出, 与大气边界层过程的其他信号相比, 惯性振荡信号强度一般偏弱, 但锋生作用会增强这个过程. 这里以天津和上海地区两次锋面过程个例进行锋生作用对惯性振荡信号影响的分析: 天津地区, 时段为 2011 年 7 月 17 日 21:00—7 月 20 日 20:00(锋面过境时间为 7 月 19 日 02:00—20:00); 上海地区, 时段为 2009 年 7 月 13 日 21:00—7 月 16 日 20:00(锋面过境时间为 7 月 14 日 20:00—15 日 14:00). 图 8.6.3 和图 8.6.4 分别给出了天津和上海地区两个例子的风速分量 u 及其对应惯性振荡周期的 IMF, IMF 的瞬时振幅(图 8.6.3(a)和图 8.6.4(a)); 实线为均值, 虚线表示标准差, 阴影标示出锋面过境的时段)以及希尔伯特边际谱(图 8.6.3(b)和图 8.6.4(b)). 天津和上海地区的结果都可以分离出其对应惯性振荡周期的 IMF(图 8.6.3(a), 19 h; 图 8.7.4(a), 23 h). 天津地区, 在锋面过境开始(7 月 19 日 02:00)前, 瞬时振幅数值小于平均瞬时振幅; 在 02:00, 瞬时振幅逐渐增加, 最大值超过标准差; 锋面过境之后又逐渐减小. 天津地区的希尔伯特边际谱(图

3(b))显示 0.05~0.06 h^{-1}之间存在能量峰值，并对应着天津地区的惯性振荡频率. 相类似，上海地区的锋面过境期间(7 月 14 日 20：00—15 日14：00)的瞬时振幅显著大于过境前后的振幅；从希尔伯特边际谱中也可以观察到对应惯性振荡机制的能量峰值. 天津和上海地区的这两个例子说明了锋生作用可以导致惯性振荡信号能量的显著增大.

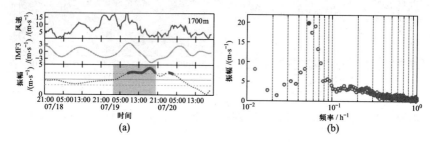

图 8.6.3　天津地区希尔伯特-黄变换结果的时-空变化(引自 Wei *et al.*，2014)

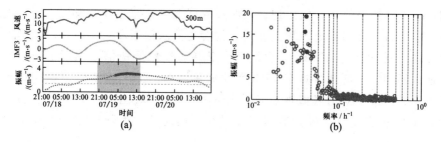

图 8.6.4　上海地区希尔伯特-黄变换结果的时-空变化(引自 Wei *et al.*，2014)

参考文献

图书类：

1. 大气科学辞典编委会. 1994. 大气科学辞典[M]. 北京：气象出版社.

2. 胡非. 1995. 湍流、间歇性与大气边界层[M]. 北京：科学出版社.

3. 刘适达，梁福明，刘式适，等. 2008. 大气湍流[M]. 北京：北京大学出版社.

4. 全国自然科学名词审定委员会. 1996. 大气科学名词[M]. 北京：科学出版社.

5. 盛裴轩，毛节泰，李建国，等. 2013. 大气物理学[M]. 2 版. 北京：北京大学出版社.

6. 是勋刚. 1994. 湍流[M]. 天津：天津大学出版社.

7. 吴望一. 1982. 流体力学：上册[M]. 北京：北京大学出版社.

8. 张霭琛. 2000. 现代气象观测[M]. 北京：北京大学出版社.

9. 周作元，李莞先. 1986. 温度与流体参数测量基础[M]. 北京：清华大学出版社.

10. Arya S P. 2001. Introduction to Micrometeorology [M]. San Diego：Academic Press.

11. Foken T. 2008. Micrometeorology [M]. Heidelberg：Springer Press.

12. Garratt J R. 1992. The Atmospheric Boundary Layer [M]. Cambridge：Cambridge University Press.

13. Haugen D A. 1973. Workshop on Micrometeorology [M]. Boston：Am Met Soc.

14. Hinze J O. 1975. Turbulence [M]. 2nd ed. New York：McGraw-Hill Book Company.

15. Jacobson M Z. 2005. Fundamentals of Atmospheric Modelling [M]. Cambridge：Cambridge University Press.

16. Kaimal J C, Finnigan J J. 1994. Atmospheric Boundary Layer Flows [M]. Oxford：Oxford University Press.

17. Lee X H, Massman W, Law B. 2004. Handbook of Micrometeorology [M]. London：Kluwer Academic Publishers.

18. Monin A S, Yaglom A M. 1971. Statistical Fluid Mechanics：Mechanics of turbulence：Vol 1 [M]. Cambridge：MIT Press.

19. Monin A S, YaglomA M. 1975. Statistical Fluid Mechanics：Mechanics of turbulence：Vol 2 [M]. Cambridge：MIT Press.

20. Panofsky H A, Dutton J A. 1984. Atmospheric Turbulence-Models and Methods for Engineering Applications [M]. New York：A Wiley-Interscience Publication.

21. Stull R B. 1988. An Introduction to Boundary Layer Meteorology [M]. London：Kluwer Academic Publishers.

22. Tennekes H. 1982. Similarity Relations, Scaling Laws and Spectral Dynamics [M]// Nieuwstadt F T M, van Dop H Atmospheric Turbulence and Air Pollution Modeling D. Reidel Publishing Company.

期刊类：

1. 陈红岩. 1999. 大气边界层湍流输送特性与相干结构研究[D]. 北京：中国科学院大气物理研究所.

2. 高祥. 2011. 利用 REA 方法获取痕量气体湍流通量的观测法研究 [D]. 北京：北京大学物理学院.

3. 何玉斐, 张宏昇, 刘明星, 等. 2009. 戈壁下垫面空气动力学参数确定的再研究 [J]. 北京大学学报 (自然科学版), 45(3): 439 – 443.

4. 胡隐樵, 高由禧. 1994. 黑河实验 (HEIFE)——对干旱地区陆面过程的一些新认识 [J]. 气象学报, 52, 285 – 296.

5. 彭艳. 2005. 浑善达克沙地近地层微气象学特征和沙尘暴形成及其相互关系的实验研究 [D]. 北京: 北京大学环境学院.

6. 乔劲松. 1996. 不稳定大气近地面层湍流的精细结构 [D]. 北京: 北京大学地球物理学系.

7. 苏红兵, 洪钟祥. 1994. 北京城郊近地面层湍流实验观测 [J]. 大气科学, 18: 739 – 750.

8. 覃文汉. 1994. 应用压力中心法确定农田空气动力参数 [J]. 气象学报, 52: 99 – 106.

9. 汪德鹏. 2000. 不同稳定度的大气湍流斜坡结构分析 [D]. 北京: 北京大学地球物理学系.

10. 王介民, 刘晓虎, 祁永强. 1990. 应用涡旋相关方法对戈壁地区湍流输送特征的初步研究 [J]. 高原气象, 9: 120 – 129.

11. 王介民, 刘晓虎, 马耀明. 1993. HEIFE 戈壁地区近地层大气的湍流结构和输送特征 [J]. 气象学报, 51: 343 – 350.

12. 汪璇, 曹万强. 2008. Hilbert 变换及其基本性质分析 [J]. 湖北大学学报, 30: 53 – 55.

13. 魏伟, 张宏昇. 2013. 希尔伯特 - 黄变换技术及在边界层湍流研究中的应用 [J]. 气象学报, 71(6): 1183 – 1194.

14. 张霭琛, 吕杰, 张兵, 等. 1991. 北京市郊区及城市边缘的大气湍流结构特征 [J]. 大气科学, 15: 88 – 96.

15. 张宏昇. 1996. 近地面层湍流输送观测仪器和方法研究 [D]. 北京: 北京大学地球物理学系.

16. 张宏昇, 陈家宜. 1997. 非单一水平均匀下垫面空气动力学参数的确定 [J]. 应用气象学报, 8: 310 – 315.

17. 张宏昇, 陈家宜. 1998. 超声风温仪测量的误差订正 [J]. 大气科学, 22(1): 11 – 17.

18. 张宏昇, 康凌, 张霭琛. 2001. 大气湍流数据处理系统及计算方法的讨论 [J]. 气象水文海洋仪器, 60: 1 – 11.

19. 赵子龙. 2013. 长江三角洲城市群区地气间能量与物质输送的实验研究 [D]. 北京: 北京大学物理学院.

20. 钟佑明, 金涛, 秦树人. 2005. 希尔伯特-黄变换中的一种新包络线算法 [J]. 数据采集与处理, 1: 13 – 17.

21. Andreas E L, Claffey K J, Fairall C W, et al. 2004. Measurements of the von Karman constant in the atmospheric surface layer-further discussions [C]. 16th Conference on Boundary Layer and Turbulence, Portland ME, Am Met Soc, August 9 – 13, 1 – 7.

22. Baker J M, Norman J M, Bland W L. 1992. Field-scale application of flux measurement by conditional sampling [J]. *Agricultural and Forest Meteorology*, 62: 31 – 52.

23. Bergstrom H, Hogstrom U. 1989. Turbulent exchange above a pine forest, II: organized structures [J]. *Boundary-Layer Meteorology*, 49: 231 – 263.

24. Beverland I J, Oneill D H, Scott S L, et al. 1996. Moncrieff: Design, construction and operation of flux measurement systems using the conditional sampling technique [J]. *Atmos Environ*, 30: 3209 – 3220.

25. Blackadar A K. 1957. Boundary-layer wind maxima and their significance for the growth of nocturnal inversions [J]. *Bull Am Met Soc*, 38: 283 – 290.

26. Blackwelder R F, Kaplan R E. 1976. On the wall structure of the turbulent boundary layer [J]. *J Fluid Mech*, 76: 89 – 112.

27. Bradley E F, Antonia R A, Chambers A J. 1981. Turbulence reynolds number and the TKE balance in the atmospheric surface layer [J]. *Boundary-Layer Meteorology*, 21: 183 – 197.

28. Bradley E F. 1986. Turbulent wind structure above very rugged terrain [C]. 9th Australasian Fluid Mechanics Conference, Auckland, NZ: December 8 – 12, 428 – 431.

29. Bradley E F, Coppin P A, Godfrey J S. 1991. Measurements of sensible and latent heat flux in the western equatorial Pacific Ocean [J]. *J Geophys Res: Oceans* (1978 – 2012), 96: 3375 – 3389.

30. De Bruin H A R, Kohsiek W, Van Den Hurk B J J M. 1988. A verification of some methods to determine the fluxes of momentum, sensible heat, and water vapour using standard deviation and structure parameter of scale meteorological quantities [J]. *Boundary-Layer Meteorology*, 63: 231 – 257.

31. Busch N E, Kristensen L. 1976. Cup anemometer overspeeding [J]. *J Appl Met*, 15: 1328 – 1332.

32. Businger J A, Yaglom A M. 1971. Introduction to Obukhov's paper "Turbulence in an atmospheric with a non-uniform temperature" [J]. *Boundary-Layer Meteorology*, 2: 3 – 6.

33. Businger J A, Wyngaard J C, Jzumi Y, et al. 1971. Flux-profile relationships in the atmospheric surface layer [J]. *J Atmos. Sci*, 28: 181 – 189.

34. Businger J A. 1986. Evaluation of the accuracy with which dry deposition can be measured with current micrometeorological techniques [J]. *J Appl Met*, 25: 1100 – 1124.

35. Businger J A. 1988. A note in the Businger-Dyer profiles [J]. *Boundary-Layer Meteorology*, 42: 145 – 151.

36. Businger J A, Delany A C. 1990. Chemical sensor resolution required for measuring surface fluxes by 3 common micrometeorological techniques [R]. *J Atmos Chem*, 10: 399 – 410.

37. Businger J A, Oncley S P. 1990. Flux measurement with conditional sampling [J]. *Journal of Atmos Ocean Tech*, 7: 349 – 352.

38. Businger J A. 1993. Comment on "An experiment and the results on flux-gradient relationships in the atmospheric surface over Gobi desert surface" [C]. Proceedings of International Symposium on HEIFE, Kyoto, Japan, 362.

39. Carl M D, Tarbell T C, Panofsky H A. 1973. Profiles of wind and temperature from towers over homogeneous terrain [J]. *J Atmos Sci*, 30: 788 – 794.

40. Caughey S J, Wyngaard J C. 1979. The turbulent kinetic energy budget in convective conditions [J]. *Quart. J Roy Met Soc*, 105: 231 – 239.

41. Champagne F H, Friehe C A, Larue J C. 1977. Flux measurements, flux estimation techniques, and fine-scale turbulence measurement in the unstable surface layer over land [J]. *J Atmos Sci*, 34: 515 – 530.

42. Chamberlain A C. 1983. Roughness length of sea, sand and snow [J]. *Boundary-Layer Meteorology*, 25: 405 – 409.

43. Champagne F H, Friehe C A, Larue J C. 1977. Flux measurements, flux estimation techniques, and fine-scale turbulence measurement in the unstable surface layer over land [J]. *J Atmos Sci*, 34: 515 – 530.

44. Chang S, Frenzen P. 1990. Further consideration of Hayashi's "Dynamic response of a cup anemometer" [J]. *J Atmos Oceanic Tech*, 7: 184 – 186.

45. Chen J Y, Wang J M, Mitsuta Y. 1991. An independent method to determine the surface roughness parameter [R]. Reprinted from Bulletin of the Disaster Prevention Research Institute Kyoto Univ,

41: 121 - 127.

46. Christensen C S, Hummelshoj P, Jensen N O, et al. 2000. Determination of the terpene flux from orange species and Norway spruce by relaxed eddy accumulation [J]. *Atmos Environ*, 34: 3057 - 3067.

47. Cohen L. 1995. Time-frequency analysis [R]. New Jersey Prentice Hall PTR.

48. Collineau S, Burnet Y. 1993a. Detection of turbulent coherent motions in a forest canopy, part I: swavelet analysis [J]. *Boundary-Layer Meteorology*, 65: 357 - 379.

49. Collineau S, Burnet Y. 1993b. Detection of turbulent coherent motions in a forest canopy, part II: time scales and conditional average [J]. *Boundary-Layer Meteorology*, 66: 49 - 73.

50. Desjardins R L. 1977. Energy budget by an eddy correlation method [J]. *J Appl Met*, 16: 248 - 250.

51. Dyer A J, Hicks B B, Sitaraman V. 1970. Minimizing the leveling error in reynolds stress measurement by filtering [J]. *J Appl Met*, 9: 532 - 533.

52. Dyer A J. 1974. A review of flux-profile relationship [J]. *Boundary-Layer Meteorology*, 7: 363 - 372.

53. Dyer A J, Bradley E F. 1982. An alternative analysis of flux-gradient relationships at the 1976 ITCE [J]. *Boundary-Layer Meteorology*, 22: 3 - 19.

54. Dyer A J, Garratt J R, Francey R J, et al. 1982. An international turbulence comparison experiment (ITCE 1976) [J]. *Boundary-Layer Meteorology*, 24: 181 - 209.

55. Einaudi F, Bedard A J, Finnigan J J. 1989. A Climatology of gravity waves and other coherent disturbances at the boulder atmospheric observatory during March-April 1984 [J]. *J Atmos Sci*, 46: 303 - 329.

56. Einaudi F, Finnigan J J. 1993. Wave-turbulence dynamics in the stably stratified boundary layer [J]. *J Atmos Sci*, 50: 1841 - 1864.

57. Finnigan J J, Einaudi F, Fua D. 1984. The interaction between an internal gravity wave and turbulence in the stably-stratified nocturnal boundary layer [J]. *J Atmos Sci*, 41: 2409 - 2436.

58. Finnigan J J. 1988. Kinetic energy transfer between internal gravity waves and turbulence [J]. *J Atmos Sci*, 45: 486 - 505.

59. Finnigan J J, Clement R, Malhi Y, et al. 2003. A re-evaluation of long-term flux measurement techniques, part I: averaging and coordinate rotation [J]. *Boundary-Layer Meteorology*, 107: 1 - 48.

60. Foken T, Oncley S P. 1995. Results of the workshop "Instrumental and methodical problems of land surface flux measurementss" [J]. *Bull Am Met Soc*, 76: 1191 - 1193.

61. Foken T, Wichura B. 1996. Tools for quality assessment of surface-based flux measurements [J]. *Agricultural and Forest Meteorology*, 78: 83 - 105.

62. Frenkiel F N. 1951. Frequency distributions of velocities in turbulent flows [J]. *J Met*, 8: 316 - 320.

63. Frenzen P, Vogel C A. 1992. The turbulent kinetic energy budget in the atmospheric surface layer a review and an experimental reexamination in the field [J]. *Boundary-Layer Meteorology*, 60: 49 - 76.

64. Frenzen P, Vogel C A. 2001. Further studies of atmospheric turbulence in layers near the surface scaling the TKE budget above the roughness sublayer [J]. *Boundary-Layer Meteorology*, 99: 173 - 206.

65. Friehe C A. 1976. Effects of sound speed fluctuations on sonic anemometer measurement. *J Appl Met*, 15: 607 - 610.

66. Fuehrer P L, Friehe C A. 2002. Flux corrections revisited [J]. *Boundary-Layer Meteorology*, 102: 415 - 457.

67. Gao W, Shaw R H, Paw U K T. 1989. Observation of organized structure in turbulent flow within and above a forest canopy [J]. *Boundary-Layer Meteorology*, 47: 349 - 377.

68. Gao W. 1995. The vertical change of coefficient-b, used in the relaxed eddy accumulation method for flux

measurement above and within a forest canopy [J]. *Atmospheric Environment*, 29: 2339 – 2347.

69. Graus M, Hansel A, Wisthaler A, *et al.* 2006. A relaxed-eddy-accumulation method for the measurement of isoprenoid canopy-fluxes using an online gas-chromatographic technique and PTR-MS simultaneously [J]. *Atmospheric Environment*, 40: 43 – 54.

70. Gronholm T, Haapanala S, Launisinen S, *et al.* 2008. The dependence of the beta coefficient of REA system with dynamic deadband on atmospheric conditions [J]. *Environ Poll*, 152: 597 – 603.

71. Guo X F, Zhang H S, Kang L, *et al.* 2007. Quality control and flux gap filling strategy for Bowen ratio method revisiting the Priestley-Taylor evaporation model [J]. *Environ Fluid Mech*, 7: 421 – 437.

72. Guo X F, Zhang H S, Cai X H, *et al.* 2009. Flux-variance method for latent heat and carbon dioxide fluxes in unstable conditions [J]. *Boundary-Layer Meteorology*, 131: 363 – 384.

73. Hagelberg C R, Gamage H K K. 1994. Structure-preserving wavelet decompositions of intermittent turbulence [J]. *Boundary-Layer Meteorology*, 70: 217 – 246.

74. Hanafusa T, Fujitani T, Kobori Y, *et al.* 1982. A new type sonic anemometer-thermometer for filed operation [J]. *Papers in Meteorology and Geophysics*, 33: 1 – 19.

75. Handorf D, Foken T, Kottmeier C. 1999. The stable atmospheric boundary layer over an Antarctic ice sheet [J]. *Boundary-Layer Meteorology*, 91: 165 – 186.

76. Hayashi T. 1987. Dynamic response of a cup anemometer [J]. *J Atmos Oceanic Tech*, 4: 281 – 287.

77. Hogstrom U, Smedman-Hogstrom A S. 1974. Turbulence mechanisms at an agricultural site [J]. *Boundary-Layer Meteorology*, 7: 373 – 389.

78. Hogstrom U. 1982. A critical evaluation of the aerodynamical error of a turbulence instrument [J]. *J Appl Met*, 21: 1838 – 1844.

79. Hogstrom U. 1985. Von Karman's constant in atmospheric boundary layer flow Reevaluated [J]. *J Atmos Sci*, 42: 263 – 270.

80. Hogstrom U. 1988. Non-dimensional wind and temperature profiles in the atmospheric surface layer A Reevaluation [J]. *Boundary-Layer Meteorology*, 42: 55 – 78.

81. Hogstrom U. 1990. Analysis of turbulence structure in the surface layer with modified similarity formulation for near neutral conditional [J]. *J Atmos Sci*, 47: 1949 – 1972.

82. Hogstrom U. 1996. Review of some basic characteristics of the atmospheric surface layer [J]. *Boundary-Layer Meteorology*, 78: 215 – 246.

83. Hogstrom U, Hunt J C R, Smedman-Hogstrom A S. 2002. Theory and measurements for turbulence spectra and variances in the atmospheric neutral surface layer [J]. *Boundary-Layer Meteorology*, 103: 101 – 124.

84. Huang N E, Shen Z, Long S R, *et al.* 1998. The empirical mode decomposition and the Hilbert spectrum for nonlinear and non-stationary time series analysis [C]. *Proceedings of the Royal Society of London*. Series A Mathematical, 454(1971): 903 – 995.

85. Huang N E, Shen Z, Long S R. 1999. A new view of nonlinear water waves The Hilbert spectrum [J]. *Ann Rev Fluid Mech*, 31: 417 – 457.

86. Huang N E, Wu Z. 2008. A review on Hilbert-Huang transform method and its applications to geophysical studies [J]. *Rev Geo*, 46: RG2006.

87. Hyson P. 1972. Cup anemometer response to fluctuation wind speeds [J]. *J Appl Met*, 11: 843 – 848.

88. Izumi Y, Barad M L. 1970. Wind speeds as measured by cup and sonic anemometers and influenced by tower structure [J]. *J Appl Met*, 9: 851 – 856.

89. Johansson C, Smedman A, Hogstrom U, et al. 2001. Critical test of Monin-Obukhov similarity during convective conditions [J]. *J Atmos Sci*, 58: 1549 –1566.

90. Kader B A, Yaglom A M. 1972. Heat and mass transfer laws for fully turbulent wall flows [J]. *Int J Heat Mass Transfer*, 15: 2329 –2350.

91. Kaganov E I, Yaglom A M. 1976. Errors in wind-speed measurements by rotation anemometers [J]. *Boundary-Layer Meteorology*, 10: 15 –34.

92. Kaimal J C. 1969. Measurement of momentum and heat flux variances in the surface boundary layer [J]. *Radio Sci*, 4: 1147 –1153.

93. Kaimal J C, Wyngaard J C, Izumi Y, et al. 1972. Cote Spectral characteristics of surface-layer turbulence [J]. *Quart J R Met Soc*, 98: 563 –589.

94. Kaimal J C. 1975. Sensors and techniques for the direct measurement of turbulent fluxes and profiles in the atmospheric surface layer [J]. *Atmos Tech*, 7: 7 –14.

95. Kaimal J C, Gaynor J E, Zimmerman H A, et al. 1990. Minimizing flow distortion errors in a sonic anemometer [J]. *Boundary-layer Meteorology*, 53: 103 –115.

96. Kaimal J C, Gaynor J E. 1991. Another look at sonic thermometer [J]. *Boundary-Layer Meteorology*, 56: 401 –410.

97. Katul G G, Finkelstein P L, Clarke J F, et al. 1996. An investigation of the conditional sampling method used to estimate fluxes of active, reactive, and passive scalars [J]. *J Appl Met*, 35: 1835 –1845.

98. Kondo J, Yamazawa H. 1986. Aerodynamic roughness over an inhomogeneous ground surface [J]. *Boundary-Layer Meteorology*, 35: 331 –348.

99. Kustas W P, Brutsaert W. 1985. Wind profile constants in an neutral atmospheric boundary layer over complex terrain [J]. *Boundary-Layer Meteorology* , 35: 35 –54.

100. Lamaud E, Irvine M. 2006. Temperature-humidity dissimilarity and heat-to-water-vapour transport efficiency above and within a pine forest canopy the role of the Bowen ratio [J]. *Boundary-Layer Meteorology*, 120: 87 –109.

101. Lee A, Schade G W, Holzinger R, et al. 2005. A comparison of new measurements of total monoterpene flux with improved measurements of speciated monoterpene flux [J]. *Atmos Chem Phys*, 5: 505 –513.

102. Lenschow D H, Mann J, Kristensen L. 1994. How long is long enough when measuring fluxes and other turbulence statistics? [J]. *J Atmos Ocean Tech*, 11: 661 –673.

103. Lettau H. 1969. Note on aerodynamic roughness-parameter estimation on the basis of roughness-element description [J]. *J Appl Met*, 8: 828 –832.

104. Liu H P. 2005. An alternative approach for CO_2 flux correction caused by heat and water vapor transfer [J]. *Boundary-Layer Meteorology*, 115: 151 –168.

105. Lloyd C R, Culf A D, Dolman A J, et al. 1991. Estimates of sensible heat flux from observations of temperature fluctuations [J]. *Boundary-Layer Meteorology*, 57: 311 –322.

106. Lu S S, Willmarth W W. 1973. Measurements of the structure of the reynolds stress in a turbulent boundary layer [J]. *J Fluid Mech*, 60: 481 –511.

107. Lundquist J K. 2003. Intermittent and elliptical inertial oscillations in the atmospheric boundary layer [J]. *J Atmos Sci*, 60: 2661 –2673.

108. MacCready P B Jr. 1966. Mean wind speed measurements in turbulence [J]. *J Appl Met*, 5: 219 –225.

109. Mahrt L, Gibson W. 1992. Flux decomposition into coherent structures [J]. *Boundary-Layer Meteorology*,

60: 143 – 168.

110. Maitani T. 1978. On the downward transport of turbulent kinetic energy in the surface layer over plant canopies [J]. *Boundary-Layer Meteorology*, 14: 571 – 583.

111. Mallat S G. 1989. Multiresolution approximations and wavelet orthonormal bases of $L^2(\mathbf{R})$ [J]. *Trans Am Math Soc*, 31: 69 – 87.

112. Mallat S G, Hwang W L. 1992. Singularity detection and processing with wavelets [J]. *IEEE Trans on Pattern Anal and Mach Intel*, 11: 674 – 683.

113. Mallat S, Zhong S. 1992. Characterization of signals from multiscale edges [J]. *IEEE Trans on Pattern Anal and Mach Intel*, 14: 710 – 732.

114. McBean G A, Stewart R W, Miyake M. 1971. The turbulent energy budget near the surface [J]. *J Geophys Res*, 76: 6540 – 6549.

115. McBean G A, Elliott J A. 1975. Vertical transports of kinetic energy by turbulence and pressure in the boundary layer [J]. *J Atmos Sci*, 32: 753 – 766.

116. McMillen R T. 1988. An eddy correlation technique with extended applicability to non-simple terrain [J]. *Boundary-Layer Meteorology*, 43: 231 – 245.

117. Meneveau C. 1991. Analysis of turbulence in the orthonormal wavelet representation [J]. *J Fluid Mech*, 232: 469 – 520.

118. Metin Y, Robert G. 1986. Roughness effects on urban turbulence parameters [J]. *Boundary-Layer Meteorology*, 37: 271 – 284.

119. Monin A S, Obukhov A M. 1954. Basic turbulent mixing laws in the atmospheric surface layer [J]. *Trudy Geofiz, Inst. AN SSSR*, 24: 163 – 187.

120. Ohtaki E. 1985. On the similarity in atmospheric fluctuations of carbon dioxide, water vapour and temperature over vegetated fields [J]. *Boundary-Layer Meteorology*, 32: 25 – 37.

121. Olofsson M, Ek-Olausson B, Ljungstrom E, et al. 2003. Flux of organic compounds from grass measured by relaxed eddy accumulation technique [J]. *J of Envir Monitoring*, 5: 963 – 970.

122. Oncley S P, Businger J A, Itsweire E C, et al. 1990. Surface layer profiles and turbulence measurements over uniform land under near-neutral conditions [C]. Proceeding of Ninth Symp on Boundary Layer and Turbulence, Rosilde, Denmark, April 30 to May 3, *Am Met Soc*.

123. Panofsky H A. 1963. Determination of stress from wind and temperature measurements [J]. *Quart J Roy Met Soc*, 89: 85 – 94.

124. Panofsky H A, Tennekes H, Lenschow D H, et al. 1977. The characteristics of turbulent velocity components in the surface layer under convective conditions [J]. *Boundary-Layer Meteorology*, 11: 355 – 361.

125. Parlange M B, Brutsaert W. 1989. Regional roughness of the lands forest and surface shear stress under neutral conditions [J]. *Boundary-Layer Meteorology*, 48: 69 – 81.

126. Pattey E, Desjardins R L, Rochette P. 1993. Accuracy of the relaxed eddy-accumulation technique, evaluated using CO_2 flux measurements [J]. *Boundary-Layer Meteorology*, 66: 341 – 355.

127. Peltier L J, Wyngaard J C, Khanna S, et al. 1996. Spectra in the unstable surface layer [J]. *J Atmos Sci*, 53: 49 – 61.

128. Poulos G S, Blumen W, Fritts D C, et al. 2002. A comprehensive investigation of the stable boundary layer [J]. *Bull Amer Meteorol Soc*, 83(4): 555 – 581.

129. Priestley C H B, Taylor R J. 1972. On the assessment of surface heat flux and evaporation using large-scale parameters [J]. *Monthly Weather Review*, 100: 81 – 92.

130. Pruitt W O, Morgan D L, Lourence F J. 1973. Momentum and mass transfer in the surface boundary layer [J]. *Quart J Roy Met Soc*, 99: 370 – 386.

131. Purtell L P, Klebanoff P S, Buckley F T. 1981. Turbulent boundary layer at low Reynolds number [J]. *Phys Fluid*, 24: 802 – 811.

132. Rao K S, Wyngaard J C, Cote Q R. 1974. The Structure of the two-dimensional internal boundary layer over a sudden change of surface roughness [J]. *J Atmos Sci*, 31: 738 – 746.

133. Raupach M R. 1994. Simplified expressions for vegetation roughness length and zero-plane displacement as functions of canopy height and area index [J]. *Boundary-Layer Meteorology*, 71: 211 – 216.

134. Rilling G, Flandrin P, Gonçalvès P. 2003. On empirical mode decomposition and its algorithms [C]. *IEEE-EURASIP Workshop on Nonlinear Signal and Image Processing NSIP*, 3: 8 – 11.

135. Rinne H J I, Delany A C, Greenberg J P, et al. 2000. A true eddy accumulation system for trace gas fluxes usig disjunct eddy sampling method [J]. *J Geophys Res*, 105(D20): 24791 – 24798.

136. Rotach M W. 1994. Determination of the zero plane displacement in an urban environment [J]. *Boundary-Layer Meteorology*, 67: 187 – 193.

137. Roth M. 1993. Tubulent transfer relationships over the urban surface, II: Integral statistics. *Quart J Roy Met Soc*, 119: 1105 – 1120.

138. Schmitt K F, Friehe C A, Gibson C H. 1979. Structure of marine surface layer turbulence [J]. *J Atmos Sci*, 36: 602 – 618.

139. Smedman-Hogstrom A S. 1973. Temperature and humidity spectra in the atmospheric surface layer [J]. *Boundary-Layer Meteoroloogy*, 3: 329 – 347.

140. Shaw R H, Pereira A R. 1982. Aerodynamic roughness of a plane canopy a numerical experiment [J]. *Agricultural Meteorology*, 266: 51 – 65.

141. Shaw R H, Gao W. 1989. Detection of temperature ramps and flow structures at a deciduous forest site [J]. *Agricultural and forest meteorology*, 47: 123 – 138.

142. Skov H, Brooks S B, Goodsite M E, et al. 2006. Fluxes of reactive gaseous mercury measured with a newly developed method using relaxed eddy accumulation [J]. *Atmos Environ*, 40: 5452 – 5463.

143. Song X Z, Zhang H S, Chen J Y, et al. 2010. Flux-gradient relationships in the atmospheric surface layer over Gobi desert in China [J]. *Boundary-Layer Meteorology*, 134: 487 – 498.

144. Sorbjan Z. 1989. On the temperature spectrum in the convective boundary layer [J]. *Boundary-Layer Meteorology*, 47: 195 – 203.

145. Stull R B. 1984. Transilient turbulence theory, part I: The concept of eddy mixing across finite distance [J]. *J Atmos Sci*, 41: 3351 – 3367.

146. Tennekes H. 1973. The Logarithmic wind profile [J]. *J Atmos Sci*, 30: 234 – 238.

147. Thom A S. 1971. Momentum absorption by vegetation [J]. *Quart J Roy Met Soc*, 97: 414 – 428.

148. Tillman A S. 1972. The indirect determination of stability, heat and momentum fluxes in the atmospheric boundary layer from simple scalar variables during dry unstable conditions [J]. *J Appl Met*, 11: 783 – 792.

149. Troen I B, Mahrt L. 1986. A simple model of the atmospheric boundary layer sensitivity to evaporation [J]. *Boundary-Layer Meteorology*, 37: 129 – 148.

150. Webb E K. 1970. Profile relationships: the log-linear range and extension to strong stability [J]. *Quart J*

Roy Met Soc, 96: 67 – 90.

151. Webb E K, Pearman G L, Leuning R. 1980. Correction of flux measurements for density effects due to heat and water vapour transfer [J]. *Quart J Roy Met Soc*, 106: 85 – 100.

152. Wei W, Zhang H S, Ye X X. 2014. Comparison of low-level jets along the north coast of China in summer [J]. *J Geophys Res*, 119: 9692 – 9706.

153. Wieringa J. 1980. A revaluation of the Kansas mast influence on measurements of stress and cup anemometer overspeeding [J]. *Boundary-Layer Meteorology*, 18: 411 – 430.

154. Wieringa J. 1993. Representative roughness parameters for homogeneous terrain [J]. *Boundary-Layer Meteorology*, 63: 323 – 363.

155. Wyngaard J C, Cote O R. 1971. The budget of turbulent kinetic energy and temperature variance in the atmospheric surface layer [J]. *J Atmos Sci*, 28: 190 – 201.

156. Wyngaard J C. 1981. Cup, propeller, vane, and sonic anemometer in turbulence research [J]. *Ann Rev Fluid Mech*, 13: 399 – 423.

157. Wyngaard J C, Moeng C H. 1992. Parameterizing turbulent-diffusion through the joint probability density [J]. *Boundary-Layer Meteorology*, 60: 1 – 13.

158. Yaglom A M. 1977. Comments on wind and temperature flux-profile relationships [J]. *Boundary-Layer Meteorology*, 11: 89 – 102.

159. Yaglom A M. 1979. Similarity laws for constant-pressure and pressure-gradient turbulent wall flow [J]. *Ann Rev Fluid Mech*, 11: 505 – 540.

160. Yuan Y M, Mokhtarzadeh-Dehghan M R. 1994. A comparison study of conditional-sampling methods used to detect coherent structures in turbulent boundary layer [J]. *Phys Fluids*, 6: 2038 – 2057.

161. Zhang H S, Chen J Y, Zhang A C, *et al.* 1993. An experiment and the results on flux-gradient relationships in the atmospheric surface over Gobi desert surface [C]. Proceedings of International Symposium on HEIFE, Kyoto, Japan, Nov.

162. Zhang H S, Chen J Y, Park S U. 2001. Turbulence structure in the unstable condition over various surfaces [J]. *Boundary-Layer Meteorology*, 100: 243 – 261.

163. Zhang S F, Oncley S P, Businger J A. 1988. A critical evaluation of the von Karman constant for a new atmospheric surface layer experiment[C]. 8th symposium on atmospheric turbulence and diffusion. San Diego Calif, *Am Met Soc*, April, 25 – 29.